Volker Spielvogel

Corporate Identity ganzheitlich gestalten

Der Weg zum unverwechselbaren Unternehmensprofil

BusinessVillage
Update your Knowledge!

In Kooperation mit:

Volker Spielvogel

Corporate Identity ganzheitlich gestalten
Göttingen: BusinessVillage, 2004
ISBN: 3-934424-55-4
© BusinessVillage GmbH, Göttingen

Bezugs- und Verlagsanschrift

BusinessVillage GmbH
Bahnhofsallee 1b
37081 Göttingen

Tel.:   +49 (0)551 2099 100
Fax: +49 (0)551 2099 105
eMail: info@businessvillage.de
Web: www.businessvillage.de

Layout und Satz

BusinessVillage GmbH

Korrektorat

Annemike Meyer

Copyrightvermerk

Das Werk einschließlich aller seiner Teile ist urheberrechtlich geschützt. Jede Verwertung außerhalb der engen Grenzen des Urheberrechtsgesetzes ist ohne Zustimmung des Verlages unzulässig und strafbar. Das gilt insbesondere für Vervielfältigung, Übersetzung, Mikroverfilmung und die Einspeicherung und Verarbeitung in elektronischen Systemen.

Alle in diesem Buch enthaltenen Angaben, Ergebnisse usw. wurden von dem Autor nach bestem Wissen erstellt. Sie erfolgen ohne jegliche Verpflichtung oder Garantie des Verlages. Er übernimmt deshalb keinerlei Verantwortung und Haftung für etwa vorhandene Unrichtigkeiten.

Die Wiedergabe von Gebrauchsnamen, Handelsnamen, Warenbezeichnungen usw. in diesem Werk berechtigt auch ohne besondere Kennzeichnung nicht zu der Annahme, dass solche Namen im Sinne der Warenzeichen- und Markenschutz-Gesetzgebung als frei zu betrachten wären und daher von jedermann benutzt werden dürfen.

Bestellnummern

PDF-eBook Bestellnr. EB-533, 14,80 €
Druckausgabe Bestellnr. PB-533 21,80 €
ISBN: 3-934424-55-4

Widmung

Meiner Oma,

Anna Spielvogel, die in diesem Jahr 90 wird. Sie hat viel erlebt, viel in ihrem Leben gelernt und davon vieles an mich weiter gegeben. Sie hat sich dem Wandel stets gestellt, hart gearbeitet, um die Familie ernähren zu können. Sie hat immer ihre Werte, ihren Glauben behalten, hat stets moralisch und menschlich gehandelt, hat mir gezeigt, wie wichtig diese Werte auch in der heutigen Zeit sind.

Meiner Generation,

dass wir stark genug sind, den Wandel zu gestalten, uns wieder auf menschliche Werte besinnen.

Allen anderen,

die bei diesem Buch geholfen haben. Die mir in jedem nur erdenklichen Sinne dieses Wortes zur Seite standen und mich unterstützt haben. Meiner Frau, die dieses Buch etwa tausendmal Korrektur lesen musste und nicht müde wurde, mit mir über dieses Thema zu diskutieren. Außerdem möchte ich auch dem Verlag und Herrn Rudolf Kuhn von der Avinci AG für seine Unterstützung danken.

Inhaltsverzeichnis

Über den Autor 3

1. Einleitung 5

2. Bleiben Sie nicht länger austauschbar 7

Merkmale einer erfolgreichen Corporate Identity Strategie 7

3. Den Kunden als Mensch erkennen 9

Vom Massenmarketing zum 1:1 Beziehungsmanagement 11

4. Profil braucht Mut 13

Voraussetzungen für eine erfolgreiche Corporate Identity Strategie 14
Vom Chef zum geistigen Vater 16

5. Das Ziel im Auge 19

Oberziel: Wir-Bewusstsein 20
Ziele nach innen 20
Ziele nach außen 21

6. Die Bestandteile Ihrer Unternehmenspersönlichkeit (Corporate Identity) 23

Die Vision als Leitidee 24
Unternehmenskultur 25
Unternehmensphilosophie 26
Unternehmensleitlinien 27
Jobdescriptions 29

7. Die Instrumente Ihrer Unternehmenspersönlichkeit 31

Corporate Communication 31
Corporate Behavior 33
Corporate Design 34

8. Ein erfolgreiches Unternehmensprofil in fünf Schritten 37

Schritt 1 – Zielerfassung 39
Schritt 2 – Analyse und Informationsbeschaffung 40
Schritt 3 – Konzeptskizze 46
Schritt 4 – Fixierung 48
Schritt 5 – Überführung in die das Leben 54

9. Auswirkungen des Corporate Identity Prozesses 57

... auf das Verhältnis zwischen Unternehmen und Gesellschaft 57
... auf Organisation und Führungsstrukturen 58
... auf die Kundenzufriedenheit und den betriebswirtschaftlichen Erfolg 58
... auf den Krankenstand im Unternehmen 59
... auf die Verteilung des Know-how im Unternehmen 61

10. Corporate Identity Controlling 65

11. AVINCI als Beispiel für eine ganzheitliche, erfolgreiche CI Strategie 67

12. So finden Sie den passenden Dienstleister 69

13. Zum Schluss 71

14. Anhang 73

Quellen 73
Literatur-Empfehlungen 74
Checkliste: Warum brauche ich eine Corporate Identity Strategie? 76

Über den Autor

Vielleicht fragt sich der ein oder andere Leser, warum sich der Autor mit knapp 30 Jahren kompetent fühlt, über das Thema Marketing und im Besonderen über Strategien und „alte" Werte zu schreiben.

Dafür gibt es viele Gründe:

Der Autor Volker Spielvogel wurde 1973 in der alten Römerstadt Trier geboren. Nach seinem Studium und diversen Praktika in der Beratungs- und Werbebranche führte er ein Software-Start-up Unternehmen innerhalb kürzester Zeit zum Erfolg. Im Jahr 2000 wurde dieses Unternehmen für seine hervorragende Marketing- und Projektarbeit mit dem Medienpreis des Landes Rheinland-Pfalz ausgezeichnet.

Seit dem Jahr 2000 ist er für eine Marketingagentur tätig. Er betreut und berät mittelständische und große Unternehmen in ganz Deutschland bei der Planung und Umsetzung von taktischen und strategischen Marketingprojekten. Leider können an dieser Stelle keine Referenzen, Firmennamen, Projekte oder Kundennamen genannt werden, da diese jeweils an verbindliche Vertraulichkeits- und Verschwiegenheitsvereinbarungen gebunden sind.

Er ist als gefragter Trainer und Referent (Mitglied im BDVT) viel unterwegs und weiß auch daher genau um die Wünsche und Bedürfnisse der Mitarbeiter, der Führungskräfte und der Geschäftsleitungen in mittelständischen Unternehmen.

So erreichen Sie den Autor:
Volker Spielvogel
Gartenstrasse 54
54317 Gusterath
eMail: volker@spielvogel.de

1. Einleitung

„Wenn du ein Schiff bauen willst, dann trommle nicht Männer zusammen, um Holz zu beschaffen, Aufgaben zu vergeben und die Arbeit einzuteilen, sondern lehre sie die Sehnsucht nach dem weiten, endlosen Meer!" (Saint-Exupéry)

Es freut mich, dass Sie sich die Zeit nehmen, dieses Buch zu lesen. Es zeigt die Notwendigkeit einer langfristigen, geplanten Unternehmensausrichtung auf, ohne die es in diesen turbulenten Zeiten nicht mehr geht, wenn man über Erfolg, Kundennähe und damit Kundenzufriedenheit spricht. Der Aufbau einer individuellen, unverwechselbaren, authentischen Unternehmensidentität, einer Corporate Identity (kurz: CI), ist dabei der zentrale, essenzielle Mittelpunkt der geforderten strategischen Unternehmensausrichtung. Denn die Corporate Identity Strategie führt zu einem besseren Miteinander im Unternehmen, zu einem stärkeren WIR-Gefühl und damit zu zufriedeneren Mitarbeitern. Zufriedene Mitarbeiter sind die Voraussetzung für zufriedene Kunden, welche wiederum die Voraussetzung für den wirtschaftlichen Erfolg des Unternehmens sind.

Der Begriff der Corporate Identity, egal ob von Fachleuten richtig oder auch falsch angewandt oder von Laien irrtümlich in Gespräche eingeflochten, wird dabei seiner komplexen Bedeutung meines Erachtens nur schwer gerecht. Zu oft musste ich im Rahmen meiner Beratertätigkeit feststellen, dass der Begriff Corporate Identity in vielen Unternehmen ausschließlich mit Design, Logo, hübschem Briefpapier etc. assoziiert wird.

Corporate Identity ist aber mehr! Corporate Identity beschreibt das Selbstverständnis eines Unternehmens, gibt Antwort auf die wichtigen Fragen:

- **Wer sind wir?**
- **Was wollen wir?**
- **Worin liegt der Geist unseres Hauses?**
- **Welche Werte haben wir?**
- **Was können wir?**
- **Wer sind wir in den Augen unserer Kunden oder der Gesellschaft?**

Die Corporate Identity integriert also die fundamentalen Werte, wie z.B. Ethik, soziale Kompetenz, Menschlichkeit, die Verantwortung gegenüber der Gesellschaft, etc., in die ökonomischen Prozesse des Unternehmens.

Große Unternehmen, wie zum Beispiel IKEA, Coca-Cola, Audi, Douglas, Tchibo, etc., haben längst erkannt, dass eine Corporate Identity viele Vorteile und Chancen für das eigene Unternehmen bietet. Leider wird aber gerade von mittelständischen Unternehmen oft angenommen, dass eine Corporate Identity Strategie nur für nationale und internationale Großunternehmen vorteilhaft sei. Dabei spielt die Größe eines Unternehmens für die Vorteile einer Corporate Identity keine Rolle. Kleine und mittelständische Unternehmen haben es sogar oft leichter eine Corporate Identity Strategie zu entwickeln, da ihre Entscheidungswege kürzer und ihr Wissen über eigene Stärken und Schwächen größer ist. Dies zeigt auch das in diesem Buch angeführte Beispiel der mittelständischen Avinci AG.

Aus meiner Beratungserfahrung im Kontakt mit mittelständischen Unternehmen weiß ich aber, dass besonders mittelständische Unternehmen dazu neigen, die Corporate Identity Strategie zu vernachlässigen. Die Gründe dafür sind vielfältig. Oft ist es mangelndes Wissen über strategische Planung, fehlende Einsicht in die zwingende Notwendigkeit von strategischem Denken und Handeln oder die Konzentration auf das Tagesgeschäft, in dem Glauben, im operativen Handeln den wichtigeren Aspekt zu erkennen.

Dieses Buch zeigt Ihnen, wie Sie Ihre Unternehmensidentität, Ihre einzigartige Corporate Identity finden und aufbauen können. Es gibt Antworten und Hilfestellung zur Konzeptionierung und Implementierung einer Corporate Identity Strategie, deren Auswirkung über den zukünftigen Erfolg Ihres Unternehmens entscheidet. Es soll Ihnen Mut machen, die Potenziale und die Möglichkeiten aufzeigen, die das moderne Marketing bietet. Gleichzeitig möchte ich aber auch aufdecken, wie viele Unternehmensbereiche von solch einer zeitgemäßen Unternehmensausrichtung (Corporate Identity Strategie) tatsächlich betroffen sind und dass ein neues Logo oder ein neuer Prospekt bestimmt nicht die Lösung sein kann!

Das allgemeine positive Feedback bestätigt mir, dass der Themenbereich, den ich zu vermitteln versuche, relevant, zeitgemäß und diskussionswürdig ist. Ich hege die Hoffnung, dass auf Grund dieses Buches noch mehr Unternehmen für dieses Thema sensibilisiert werden und vielleicht sogar zukünftig diesem Themenkreis mit einer anderen Haltungsweise gegenüberstehen.

Dieses Buch sollte aber kein Lehr- oder Fachbuch im eigentlichen Sinne sein, keine Ode an das Marketing, keine langweilige Theorie; vielmehr ist es ein Lese-Buch. Sehen Sie deshalb dieses Buch und meine Ausführungen als Vorschläge, als Provokation, ganz im Sinne der Denkanstöße. Lassen Sie sich neue Blickwinkel zeigen, sich auf neue Ideen bringen und entfalten Sie die Potenziale in Ihrem eigenen Unternehmen.

Oberemmel im Frühjahr 2004

2. Bleiben Sie nicht länger austauschbar

Der einzigste Weg will man in Zukunft erfolgreich auf dem Markt bestehen - und dies gilt besonders für den Mittelstand - liegt in der Persönlichkeit Ihres Unternehmens; in einer Differenzierung zum Massenmarkt, in der Besinnung auf eigene Stärken, Werte, Innovationskraft und eine funktionierende Partnerschaft zwischen Ihnen als Anbieter und dem Kunden.

Wie ich eingangs schon einmal erwähnte, schauen die Kunden immer mehr durch die Produkte und Dienstleistungen hindurch auf die Menschen, die diese herstellen und anbieten – denn gute Produkte, gute Dienstleistungen haben viele Unternehmen. Verkaufen Sie also nicht länger nur ausschließlich das Produkt und seine Qualität, sondern immer öfter den Geist, die Kultur, das Wertesystem und die Kraft der Kommunikation Ihres eigenen Unternehmens.

Wenn das Image, die Kultur und das Wertesystem Ihres Unternehmens mit den Werten und Bedürfnissen Ihrer Kunden in Einklang sind, kaufen diese Kunden auch Ihre Produkte und Dienstleistungen, denn „das emotionale Gehirn hat die Kraft, das denkende Gehirn zu überwältigen, ja sogar es zu lähmen" sagte Daniel Golemann.

Werden Sie also wieder einzigartig. Finden Sie Ihre individuelle Unternehmensidentität, Ihre Corporate Identity. „Survival on the fittest".

Zusammenfassend möchte ich folgende Punkte nennen:
- Werden Sie wieder einzigartig!
- Halten Sie weniger fest an alten, längst überholten Vorstellungen von Wachstum und Masse.
- Greifen Sie neue Ideen auf, um die eigene Position zu stärken.
- Konzentrieren Sie sich auf das interessante Geschäft vor Ihrer eigenen Tür.
- Konzentrieren Sie sich auf die Bedürfnisse Ihrer Kunden.
- Besinnen Sie sich wieder der „alten" Werte.
- Bauen Sie Beziehungen zu Ihren Kunden auf.
- Folgen Sie nicht den „Anderen".
- Kopieren Sie keine Strategien.
- Halten Sie Ihr Unternehmen, Ihr Business einfach.

Merkmale einer erfolgreichen Corporate Identity Strategie

Die Corporate Identity Strategie soll das unternehmerische Handeln fördern, nicht behindern! Sie soll klare Prioritäten setzen, um so Tag für Tag bei konkreten Entscheidungen zu helfen, die obersten Unternehmens-Ziele/-Visionen zu erreichen. Um diese Funktion zu erfüllen, muss die Corporate Identity Strategie folgende Merkmale aufweisen:

- **Zielorientierung:**
  Jede Strategie ist wirkungslos, wenn ihr Zweck für Mitarbeiter, Führungskräfte und Kunden nicht erkennbar wird. Eine erfolgreiche Corporate Identity Strategie ist darum auf ein unmissverständlich kurz und prägnant formuliertes Ziel ausgerichtet. Im Kapitel „Das Ziel im Auge" werde ich noch genauer auf die Zielorientierung der Corporate Identity Strategie eingehen.

- **Unverwechselbarkeit:**
  Eine Corporate Identity Strategie ist eng mit dem Charakter des Unternehmens verknüpft. Eine erfolgreiche Corporate Identity Strategie ist deshalb individuell an der Unternehmenspersönlichkeit, den Unternehmenswerten ausgerichtet! Die Kopie einer fremden Corporate Identity Strategie führt zu einer Unglaubwürdigkeit, einer Diskrepanz zwischen Image und Wirklichkeit und daher zwangsläufig zum Misserfolg.

- **Faszinationskraft**:
Ein weiteres Merkmal einer erfolgreichen Corporate Identity Strategie ist ihre Faszinationskraft. Eine Corporate Identity Strategie muss faszinieren. Sie muss die Interaktionspartner des Unternehmens, die Kunden und vor allem die Mitarbeiter des Unternehmens begeistern. Die Macht der Corporate Identity Strategie liegt dabei in der Koordination vorhandener Kräfte und Potenziale im Unternehmen. Eine Corporate Identity Strategie muss darum die Mitarbeiter, ihre Gedanken, Ideen und Werte integrieren.

- **Kommunikation**:
Das Merkmal Kommunikation ist die Achillesferse einer Corporate Identity Strategie. Denn in einem Unternehmen kommuniziert einfach alles! Worte kommunizieren: Unternehmen, Firma, Laden, Lösungsanbieter - gleicher Inhalt, andere Botschaft, anderes Ergebnis. Gegenstände kommunizieren: Die abgetretene Fußmatte des Computerherstellers im Eingangsbereich zum PC-Anbieter; die an Paketschnüre gebundenen Plastik-Kugelschreiber des Softwareherstellers an der Empfangstheke, die jämmerlich vertrockneten Zimmerpflanzen auf den Fluren, die diversen verstaubten Reseller-Verpackungen längst veralteter Software-Produkte im Büro des Kundenberaters. Diese Gegenstände kommunizieren! Ihre Botschaft heißt: keine Lust, Gleichgültigkeit, kein Interesse, keine Kreativität, keine Lösungen, keine Liebe zum Detail.

Eine Corporate Identity Strategie ist daher nur dann erfolgreich, wenn jeder Mitarbeiter, jede Führungskraft im Sinne des Unternehmens denken, kommunizieren und handeln gelernt hat, denn die Kommunikation von Kultur, Kreativität, Liebe zum Detail und echtem Interesse am Kunden ist die Basis für Ihren zukünftigen Erfolg. Dazu ist eine erfolgreiche Corporate Identity Strategie immer entsprechend schriftlich formuliert und den Mitarbeitern hinreichend bekannt. Zusätzlich liegt sie jedem Mitarbeiter in schriftlicher Form vor (siehe Kapitel „CI-Handbuch"), damit diese ihre Arbeitskraft, ihre Kommunikation im täglichen Geschäft daran ausrichten können.

3. Den Kunden als Mensch erkennen

Alle reden, zumindest im besten Fall, von dem Kunden, dem König. Aber wer ist damit gemeint? In der Literatur findet man zwar ausreichende Informationen zu Kundenmanagement, Kundenbehandlung, Kundenbewertung, Kundenbindung, Kundenkarten und so weiter, doch eine hinreichende Definition des grundlegenden Begriffes Kunde fehlt. Daher scheint es mir an dieser Stelle sinnvoll, den Begriff Kunde zu definieren:

Kunde ist **jeder Mensch**, der Interesse an den Produkten oder den Dienstleistungen eines Unternehmens oder an deren potenzieller Nutzung hat - sowohl in Bezug auf Erwerb bzw. Kauf, wie auch in Bezug auf deren Vermarktung.

Jedes Unternehmen sollte also, dieser Definition folgend, alle direkten und indirekten Interessenten seiner Produkte bzw. Dienstleistungen als Kunden begreifen und diese entsprechend behandeln. Dies schließt am Beispiel eines Getränke herstellenden Unternehmens nicht nur die offensichtlichen Kundengruppen der Großhändler, Einzelhändler und der Gastronomen ein, sondern auch jene Gruppen der direkten oder indirekten Mitarbeiter sowie der Endverbraucher. Nur jenes Unternehmen, welches die Gesamtheit seiner Kunden kennt, kann entsprechend handeln. Besonders die Kundengruppe der Mitarbeiter möchte ich an dieser Stelle in den Fokus der Betrachtung rücken, da diese, wie ich aus meiner Erfahrung weiß, oft übersehen wird. Gemeint ist hier aber nicht der Mitarbeiter als Nutzer oder Käufer der eigenen Produkte, sondern in seiner Funktion als Kommunikator beziehungsweise Multiplikator für das Unternehmen.

Ein partnerschaftliches Verhältnis mit dem Kunden setzt aber voraus, dass der Anbieter bzw. das Unternehmen sich langfristig und systematisch mit den Bedürfnissen und Anforderungen des Kunden auseinander setzt und diese in Relation zu seinen eigenen Zielen und Bedürfnissen setzt; sich selbst nicht als den Nabel der Welt begreift, sondern als ein Teil in einer gleichberechtigten Partnerschaft.

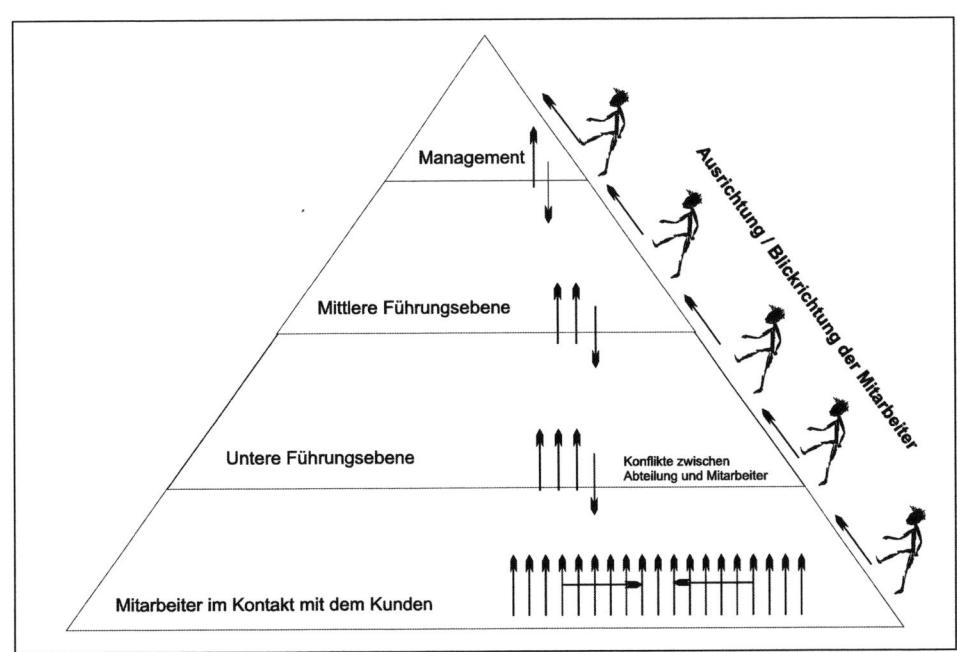

Abb. 1: Kunden stehen unterhalb der Pyramide und daher nicht im Blickwinkel des Unternehmens, weil sich alle Mitarbeiter nur nach oben orientieren.

Den Kunden als Mensch erkennen

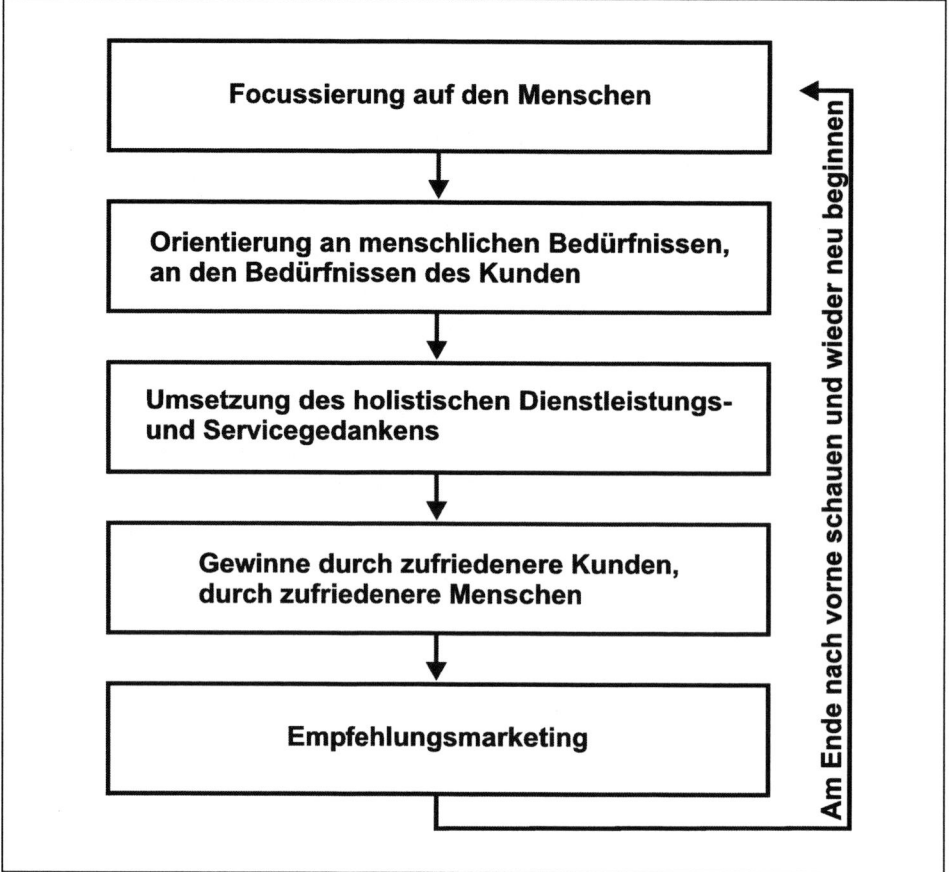

Abb. 2: Zusammenhänge des „neuen" Marketing Paradigmas

Dieser Prozess der aktiven Auseinandersetzung setzt wiederum voraus, dass Sie sich - also das Unternehmen - über die eigenen Ziele, Normen und Werte im Klaren sind. Um vorschnelle Reaktionen und Fehler zu vermeiden, ist es sinnvoll, diese Ziele, Normen und Werte nicht nur zu kennen, sondern sie auch schriftlich zu dokumentieren (vgl. Unternehmensphilosophie); auch um eine einheitliche Basis für alle Mitarbeiter im Unternehmen zu schaffen.

Zusammenfassend möchte ich folgende Punkte nennen:

- Lernen Sie Ihre Kunden als Menschen zu begreifen!
- Verschaffen Sie sich einen Überblick über alle Kunden-Gruppen Ihres Unternehmens.
- Sehen Sie Ihre Mitarbeiter als Kommunikatoren und Multiplikatoren.
- Begreifen Sie Ihre Mitarbeiter als der ins Unternehmen verschobene Vorposten Ihrer Kunden.
- Mitarbeiterzufriedenheit sorgt für Kundenzufriedenheit.
- Schaffen Sie ein gleichberechtigtes, partnerschaftliches Verhältnis zu Ihren Kunden.
- Schaffen Sie eine Win-Win Situation für alle Beteiligten.
- Bauen Sie eine langfristige Beziehung zu Ihren Kunden auf. Pflegen Sie Ihre Kundenbeziehungen.
- Verhalten Sie sich gegenüber Ihren Kunden authentisch, glaubwürdig und persönlich.
- Geben Sie Ihren Kunden das, was sie wollen und nicht nur das, womit sie sich zufrieden geben.

Vom Massenmarketing zum 1:1 Beziehungsmanagement

„Wer nicht lächeln kann, sollte kein Geschäft betreiben."
(Chinesisches Sprichwort)

In den verschiedenen voranstehenden Kapiteln habe ich Ihnen den Wandel vom High-Tech-Massenmarketing hin zum High-Touch-Marketing aufgezeigt, in dem sensible emotionale Energie, Menschlichkeit, Ethik und Persönlichkeit gefragt sind. Das 1:1, das One-to-One Beziehungsmanagement, bildet daher die einzig wahre Konsequenz aus diesen Überlegungen. Im Prinzip ist das One-to-One Beziehungsmanagement eine Weiterentwicklung, eine moderne, angepasste Form des bekannten Key-Account-Managements.

Während sich aber das allgemeine Key-Account-Management ausschließlich um aktuelle oder potenziell bedeutende Schlüsselkunden im Sinne von „wertvollen Kunden" bemüht, richtet sich das moderne One-to-One-Beziehungsmanagement an die Gesamtheit aller Kunden und Interessenten des Unternehmens und gleichzeitig sogar nach innen an die Mitarbeiter.

One-to-One-Beziehungsmanagement steht für:
- Vertrauensverhältnisse
- Partnerschaftliche Zusammenarbeit – Miteinander statt gegeneinander
- Mitarbeiter- und kundenorientiertes Verhalten – Begegnung statt Anonymität
- Strukturen und Rituale der Begegnung
- Freiräume in der Gestaltung individueller Kundenbeziehungen
- Mediation statt steriler Serienbriefe oder Abmahnungen

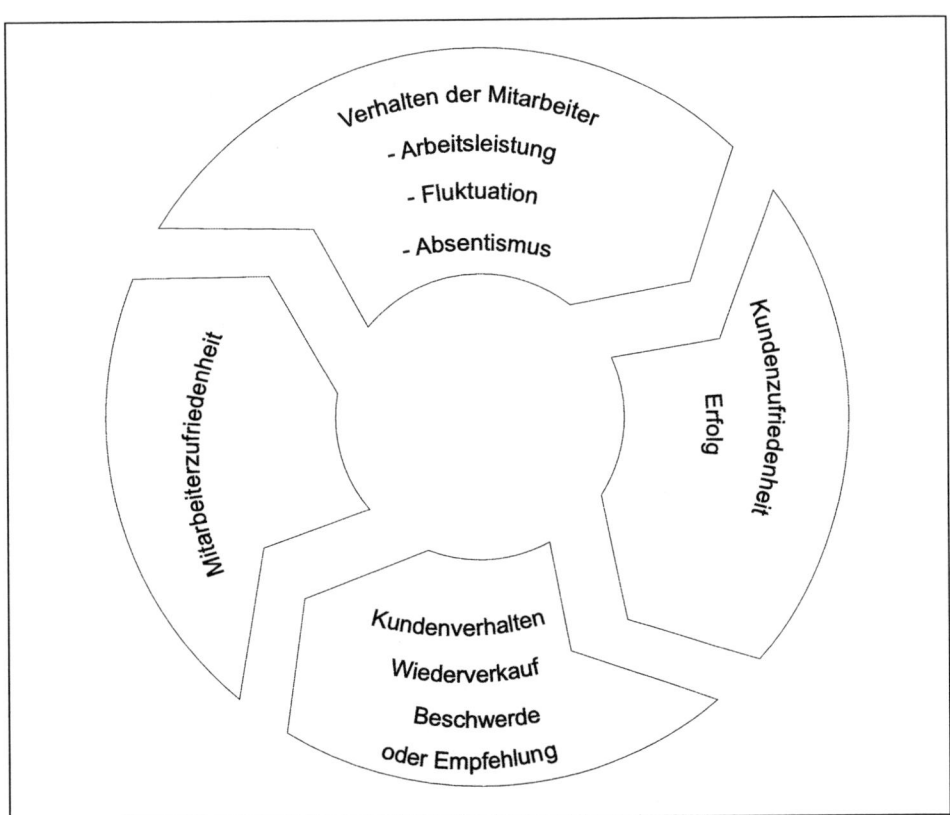

Abb. 3: Die vier Zusammenhänge der Mitarbeiter- und Kundenzufriedenheit.
(i.Anl.a. Böhler 2001, S.2, Mitarbeiter- und Kundenzufriedenheit – Zusammenhänge und Einflussfaktoren) - Vergleiche hierzu auch Kapitel „Auswirkungen des Corporate Identity Prozesses auf die Kundenzufriedenheit und den betriebswirtschaftlichen Erfolg".

Ziel des One-to-One-Beziehungsmanagements ist es also, individuelle Beziehungen zwischen dem Verkäufer auf der einen Seite und dem Kunden auf der anderen Seite zu etablieren, um damit eine emotionale Bindung zum Unternehmen und seinen Produkten bzw. Dienstleistungen zu schaffen.

Es ist also im One-to-One-Beziehungsmanagement permanent die Frage zu stellen: Ist der Kunde mit der Art und Weise zufrieden, mit der meine Mitarbeiter Beziehungen zu ihm aufbauen und gestalten?

Das One-to-One-Beziehungsmanagement muss daher durch die Führungskräfte stetig überprüft und gegebenenfalls angepasst werden. Mit der Hilfe von:

- Analysen der Mitarbeiterzufriedenheit
- Analysen der Kundenzufriedenheit
- Teamentwicklungsmaßnahmen

Ein interessantes Beispiel für erfolgreiches Beziehungsmanagement ist die Entwicklung und der Erfolg der italienischen Mineralwassermarke „San Pellegrino" am deutschen Markt. Nun ist dieses italienische Wässerchen sicher besonders lecker - keine Frage. Doch damit lässt sich der wahre Siegeszug dieser Marke nicht erklären. Auch die Qualität kann nicht der Grund sein, denn diese ist zweifellos vergleichbar mit der Qualität deutscher Mineralwässer. Der alles entscheidende Unterschied liegt alleine in der Beziehungsebene, der emotionalen Ebene begründet. Mit „San Pellegrino" verbindet der Kunde Emotionen. Emotionen wie Italien, Urlaub, Sonne, Pizza, Pasta und so weiter. Da kommt ein deutsches Wasser aus einem unemotionalen, kalten, tiefen Stein eben nicht mit.

Studien beweisen immer wieder, dass etwa 80% der Kaufentscheidungen aus solchen emotionalen Gründen, also aus dem Bauch heraus, getroffen werden. Den Kunden auf dieser Emotions- und Beziehungsebene zu treffen, ist die Aufgabe des One-to-One-Beziehungsmanagements.

Als wichtigste Voraussetzung für ein erfolgreiches One-to-One-Beziehungsmanagement sehe ich die Corporate Identity Strategie, welche die grundlegenden Werte und Normen des Unternehmens für alle Mitarbeiter verbindlich festschreibt. Erst so wird ein, dem neuen Marketing Paradigma gerecht werdendes, erfolgreiches One-to-One-Beziehungsmanagement möglich!

Zusammenfassend möchte ich folgende Punkte nennen:

- Beziehungsfähigkeit ist einer der wichtigen Erfolgsfaktoren.
- Schaffen Sie in Ihrem Unternehmen das Bewusstsein für die Bedeutung von Beziehungen.
- Schaffen Sie Beziehungskompetenz unter Ihren Führungskräften.
- Fördern Sie die Strukturen und Rituale der Begegnung zwischen Ihren Kunden und Ihren Mitarbeitern – auch untereinander.
- Schaffen Sie eine Beziehung, eine emotionale Bindung Ihrer Kunden an Ihr Unternehmen, Ihre Produkte und Leistungen.

4. Profil braucht Mut

Im Wettbewerb um Kunden und Marktanteile reichen heute Argumente und Attribute wie Freundlichkeit, technische Kompetenz, inhaltliche Kompetenz, Wertschätzung des Kunden, Zuverlässigkeit, Erreichbarkeit etc. alleine nicht mehr aus. Diese „harten" Faktoren sind, und das möchte ich hier ausdrücklich betonen, essenziell für ein gutes Geschäft, reichen aber nicht aus, um erfolgreich zu werden bzw. zu bleiben.

Der Schlüssel zum Menschen und damit auch zu Ihrem Kunden liegt in den „weichen" Faktoren, in den Sinnesorganen, in den menschlichen Emotionen. Gelingt es, den Kunden geschickt anzusprechen, seine Sinne zu berühren, ist der erste Schritt zum geschäftlichen Erfolg bereits getan

„Legen wir also den Verstand an die Leine der Gefühle – und nicht die Gefühle an die Leine des Verstandes" (Prof. G. Höhler)

Statt in der Anonymität der Masse zu versinken, sollte Ihr Geschäft einen eindeutigen Charakter, ein Profil haben, ein eindeutiges, unverwechselbares Erscheinungsbild. Nur wer ein Profil wie ein Bridgestone-Reifen hat, hinterlässt Spuren im Bewusstsein seiner Kunden und Interessenten.

Um ein solches unverwechselbares Unternehmensprofil aufzubauen, es nicht nur zu wollen, sondern auch tatsächlich anzugehen, braucht es eine gehörige Portion Mut. Den Mut, etwas Neues zu wagen, sich gegen Skeptiker und Kritiker durchzusetzen und der Lethargie des Business as usual, im Angesicht der Gefahr zu scheitern, zu widerstehen.

Das reine Wissen um die Notwendigkeit eines Unternehmensprofils, Vorbilder oder innovative Ideen reichen da alleine nicht aus. Vielmehr braucht dieser Mut Ermutigung und Freiraum zur Entfaltung der eigenen Potenziale, der Visionen, der Ideen und nicht zuletzt der Strategie.

Ohne Freiraum fehlt der Mut. Ohne Mut gibt es keinen Fortschritt, keinen Erfolg, keine Zukunft. Aus die Maus.

„Nicht die harmonische, eingespielte Routinearbeit bringt ein Unternehmen weiter." (Beate Uhse)

Da aber Tatkraft und Zielstrebigkeit nur in Kombination mit einer schlüssigen Strategie und in einer funktionierenden, schlagfähigen Organisation zum Erfolg führen, ist es notwendig, dass sich die Führungskräfte genügend Zeit zur Vorbereitung eines unverwechselbaren Unternehmensprofils nehmen. Dabei sollten sie sich, soweit wie dies im individuellen Fall möglich ist, aus dem Tagesgeschäft und allen anderen Tätigkeiten ausblenden, um sich voll und ganz auf die Vorbereitung des Wandels, der Entwicklung der CI-Strategie, konzentrieren zu können. Nun weiß aber auch ich, dass besonders in kleinen und mittelständischen Unternehmen die Ressource Mensch sehr knapp ist. Wenn es also, bedingt durch die innerbetrieblichen Gegebenheiten, nicht möglich ist, Führungskräfte entsprechend freizuschaufeln, so sollte für diese Aufgabe ein erfahrener externer Dienstleister / Berater rekrutiert werden. Denn die konsequente, gründliche und nachhaltige Vorbereitung dieser Phase ist für den späteren Erfolg der Corporate Identity entscheidend. Werden in diesem Abschnitt grobe Fehler gemacht, so ist ein Erfolg nur noch schwer zu erreichen. Im Kapitel „So finden Sie den passenden Dienstleister" stehen weitere Informationen und Hilfestellungen, wie Sie einen für Ihr Unternehmen passenden Dienstleister finden können.

Der feindliche Gegenspieler des Mutes heißt Angst. Das ist eigentlich gut so, denn positive Ängste bewahren uns vor Dummheiten, vor unnötigen Risiken. Negative Ängste hingegen lähmen uns. Sie verhindern das rechtzeitige, richtige Reagieren. Denken Sie zum Beispiel an den Autofahrer, der vor lauter negativer Angst dem Hindernis nicht mehr ausweichen kann. Das gilt auch im Business! Wer sich im Geschäft diesen negativen Ängsten hingibt, ist nicht offen für die notwendigen Veränderungen, hält fest an alten, längst nicht mehr funktionierenden Mustern, kann nicht loslassen. Die Zeche für dieses Verhalten zahlen im Endeffekt die Unternehmen, denn sie verzichten auf die notwendigen Veränderungen, auf ein unverwechselbares Unternehmensprofil, auf Innovationen, auf Chancen und letztendlich auf ihre Zukunft.

Wenn man zögert, etwas Ungewöhnliches oder gar Neues zu tun, sollte man sich darüber im Klaren sein, dass sich garantiert jemand findet, der den nötigen Mut und das Durchsetzungsvermögen hat, genau das zu tun, was man sich selbst nicht traut.

Zusammenfassend möchte ich folgende Punkte nennen:
- Zeigen Sie Ihren Mitarbeitern, dass Sie ein unverwechselbares Unternehmensprofil nicht nur wollen, sondern auch tatsächlich angehen.
- Zeigen Sie Mut bei der Umsetzung des Wandels.
- Ermutigen Sie Ihre Mitarbeiter.
- Lehren Sie Ihre Führungskräfte zu „beGEISTern".
- Lassen Sie Ihren Mitarbeitern den notwendigen Freiraum zur Entfaltung ihrer Potenziale, ihrer Visionen und ihrer Ideen.
- Gehen Sie auf die Ideen Ihrer Mitarbeiter ein, wägen Sie diese vorurteilsfrei ab. Neue Wege sind oft auf den ersten Blick extrem ungewöhnlich.
- ..

Voraussetzungen für eine erfolgreiche Corporate Identity Strategie

Neben der Ermutigung und der Begeisterung der Mitarbeiter für die Corporate Identity Strategie gibt es sechs weitere Voraussetzungen für den Erfolg derselben:

1. Ermutigung und Begeisterung der Mitarbeiter
2. Klare Zieldefinition
3. Ganzheitliche Sichtweise
4. Systematische Planung
5. Aktive Entwicklung
6. Kontinuierliche Weiterentwicklung und Anpassung
7. Langfristige Ausrichtung

Klare Zieldefinition

Ein altes Sprichwort sagt: „Niemand geht weit mit Ihnen, wenn Sie ihm nicht sagen, wohin Sie gehen." Dieses Sprichwort trifft auch auf den Corporate Identity Prozess zu. Die Unternehmensleitung ist also zunächst gefordert, sich selbst über die grundlegenden Ziele der Corporate Identity Strategie einig zu werden. Das exakte Wissen der Unternehmensführung um die Unternehmensziele sowie um die Art und Weise, wie diese Ziele erreicht werden können bzw. sollen, ist eine der sieben Grundvoraussetzungen für einen erfolgreichen Corporate Identity Prozess.

Eine ganzheitliche Sichtweise

ist die dritte Voraussetzung. Eine Corporate Identity müssen Sie sich dazu als eine Art Puzzle vorstellen. Nur wenn alle Puzzleteile vorhanden sind, entsteht ein vollständiges Bild. Das Design (Logo, Briefpapier etc.) zum Beispiel ist nur eines von vielen Corporate Identity Puzzleteilen. Der Corporate Identity Prozess bezieht sich also nicht nur auf das Marketing oder die Public Relation, sondern auf alle Unternehmensbereiche wie zum Beispiel Produktion, Führung, Personal etc. Dabei hat der Corporate Identity Prozess eine nach innen und eine nach außen gerichtete Komponente, welche durch Kommunikation, Verhalten und Design vermittelt wird. Diese ganzheitliche Sichtweise ist daher eine grundlegende Voraussetzung für eine erfolgreiche Corporate Identity Strategie. Leider greifen viele Unternehmen auf Grund der Langwierigkeit und Komplexität eines Corporate Identity Prozesses immer wieder nur Einzelaspekte der Corporate Identity auf - meistens Design und Kommunikation. Dies wird aber dem ganzheitlichen, holistischen Anspruch der strategischen Corporate Identity nicht gerecht!

Systematische Planung

Eine Corporate Identity Strategie bedarf einer systematischen Planung. Kurzfristige, planlose Aktionen wie das inhaltslose aufpolieren des Unternehmenslogos oder das Schalten einer flippigen Werbekampagne ist für den Corporate Identity Prozess kontraproduktiv!

Potenziale, Chancen und Möglichkeiten müssen vorausschauend und zukunftsorientiert analysiert und bewertet werden. Das Image, bestehend aus Eigenbild und Fremdbild, muss sorgfältig betrachtet werden, damit Identitätsprobleme zuverlässig erkannt und langfristig gelöst werden können. Systematisch geplant, gewährleistet die Corporate Identity Strategie, dass Ihr Unternehmen seine Chancen erkennt und diese erfolgreich nutzt.

Aktive Entwicklung

Jedes Unternehmen hat einen individuellen Charakter, eine eigene Identität, auch Ihr Unternehmen. Unternehmen ohne Identität ohne Charakter gibt es nicht. Diese Identität zu erkennen, sie im Spannungsfeld zwischen den Unternehmensstärken, den Unternehmensschwächen, den internen und externen Wünschen und Erwartungen aktiv zu entwickeln, darin liegt die fünfte Voraussetzung für den Erfolg einer Corporate Identity Strategie.

Kontinuierliche Weiterentwicklung und Anpassung

Eine Corporate Identity Strategie kann nur dann erfolgreich sein und bleiben, wenn sie lebendig wird und bleibt. Das heißt, sie ist in einem kontinuierlichen Prozess ständig an die aktuellen Anforderungen des Unternehmens, des Unternehmensumfeldes, der Interaktionspartner und der Gesellschaft anzupassen, damit das Unternehmen vorwegnehmend wirksam auf Veränderungen am Markt reagieren kann. Als sechste Voraussetzung für den Erfolg einer Corporate Identity Strategie sehe ich daher die kontinuierliche Weiterentwicklung und Anpassung.

Langfristige Ausrichtung

Die siebte und zugleich wichtigste Voraussetzung für den Erfolg der Corporate Identity Strategie ist die langfristige Ausrichtung des Corporate Identity Prozesses. Eine Corporate Identity Strategie darf auf keinen Fall als Feuerlöscher missverstanden werden! Wenn Sie tatsächlich den kurzfristigen Erfolg durch ein neues Logo oder eine Aufsehen erregende Werbekampagne suchen, dann ist eine Corporate Identity Strategie nicht geeignet und ich kann Ihnen nur raten, sich das Geld zu sparen. Denn solche, mit dem Unternehmensimage inkonsistenten Aktionen schaden nur der Glaubwürdigkeit des Unternehmens. Eine Unternehmensidentität, ein gemeinsames Selbstverständnis der Mitarbeiter, das gewünschte Image in der Gesellschaft, wächst langsam und muss sich entwickeln können. Es entsteht nicht per Knopfdruck über Nacht!

Mögliche Fragen zur Reflektion:

- Worin genau liegt das Problem in Ihrem Unternehmen?
- Wer hat dieses Problem erkannt?
- Für wen in Ihrem Unternehmen ist das Problem überhaupt ein Problem?
- Suchen Sie nur nach einem bestimmten Rezept zur kurzfristigen Behandlung der Symptome oder nach einer ganzheitlichen Lösung für den gesamten Problembereich?
- Wer sind die Gewinner der bevorstehenden Veränderung?
- Was soll sich durch die Corporate Identity Strategie in Ihrem Unternehmen verändern, respektive verbessern?
- Sind Sie bereit, dem Corporate Identity Prozess den nötigen Raum (Zeit, Budget, Mitarbeiter etc.) zur behutsamen Entwicklung und konsequenten Umsetzung zu geben?

- Wer soll in Ihrem Unternehmen zukünftig über die Einhaltung und Weiterentwicklung der Corporate Identity Strategie wachen?

Zusammenfassend möchte ich folgende Punkte nennen:
- Die Unternehmensleitung, die Führungskräfte und die Mitarbeiter müssen hinreichend über den Begriff Corporate Identity, seine Bedeutung, das Konzept wie auch über Chancen und Grenzen informiert sein.
- Die Unternehmensleitung muss kollektiv den Corporate Identity Prozess wollen und auch bereit sein, diesen so weit wie möglich/nötig zu unterstützen.
- Die Unternehmensleitung muss sich der Tragweite des Corporate Identity Prozesses bewusst sein und den Prozess als langfristige, systematische Investition in die Unternehmenszukunft verstehen.
- Die Organisation und die Planung des Corporate Identity Prozesses wird im Vorfeld geregelt. Kompetenzen und Verantwortlichkeiten werden fixiert (siehe dazu CI-Arbeitsgruppe im Kapitel - Ein erfolgreiches Unternehmensprofil in fünf Schritten).
- Für den Corporate Identity Prozess muss ein eigenes Budget zur Verfügung gestellt werden.
- Dem Corporate Identity Prozess muss eine holistische, ganzheitliche Sicht zugrunde liegen.
- Die Unternehmensleitung muss die Mitarbeiter in den Corporate Identity Prozess integrieren und ihnen auch Verantwortungen im Rahmen der Gestaltung zuweisen.
- Schon vorhandene Corporate Identity Fragmente müssen aufgedeckt, analysiert und aktiv entwickelt werden.
- Die Corporate Identity muss sich mit dem Unternehmen immer weiter entwickeln können. Dabei sollten Erfolge, Fortschritte und Potenziale dokumentiert werden.

Vom Chef zum geistigen Vater

„Willst du im laufenden Jahr ein Ergebnis sehen, so säe Samenkörner. Willst du in zehn Jahren ein Ergebnis sehen, so setze Bäume. Willst du das ganze Leben lang ein Ergebnis sehen, so entwickle die Menschen." (Kuan Chung Tzu)

Um die genannten sieben Voraussetzungen für den Erfolg einer Corporate Identity Strategie erfüllen zu können, ist es notwendig, die Führungskräfte, die Geschäftsleitung und die Führungsstrukturen auf den Wandel, den Corporate Identity Prozess vorzubereiten.

Es steht außer Frage, dass die veralteten Top Down Führungs- und Organisationsstrukturen der Unternehmen, welche oft aus den frühen Jahren des letzten Jahrhunderts entstammen, dringend reformbedürftig sind. Diese Führungsstile, welche auf Macht und Egoismus beruhen, sind ungeeignet, um die notwendigen Reformen im Unternehmen zu initiieren, da diese Führungsstile zwangsläufig den Widerstand, die Revolution der Mitarbeiter provozieren.

Eine Anpassung an die moderne Arbeitswelt, die heutigen Anforderungen und die heutige Gesellschaft ist also unumgänglich (siehe Abbildung 4).

Doch die Krux dieses Problembereiches ist es, dass herkömmliche Management- und Controlling-Schemata, wie sie den Führungskräften heute noch an Universitäten vermittelt werden, hier nicht greifen. Diese innerbetrieblichen, zwischenmenschlichen Probleme lassen sich nicht mit Standardrezepturen aus längst veralteten Handbüchern oder mit Schraubenziehern korrigieren. Vielmehr liegt die Lösung dieser Probleme darin, ein für alle Beteiligten interessantes und erstrebenswertes Arbeitsklima zu schaffen, in dem sich nicht nur die Mitarbeiter wohlfühlen, sondern in dem auch der unternehmerische Erfolg gewährleistet ist.

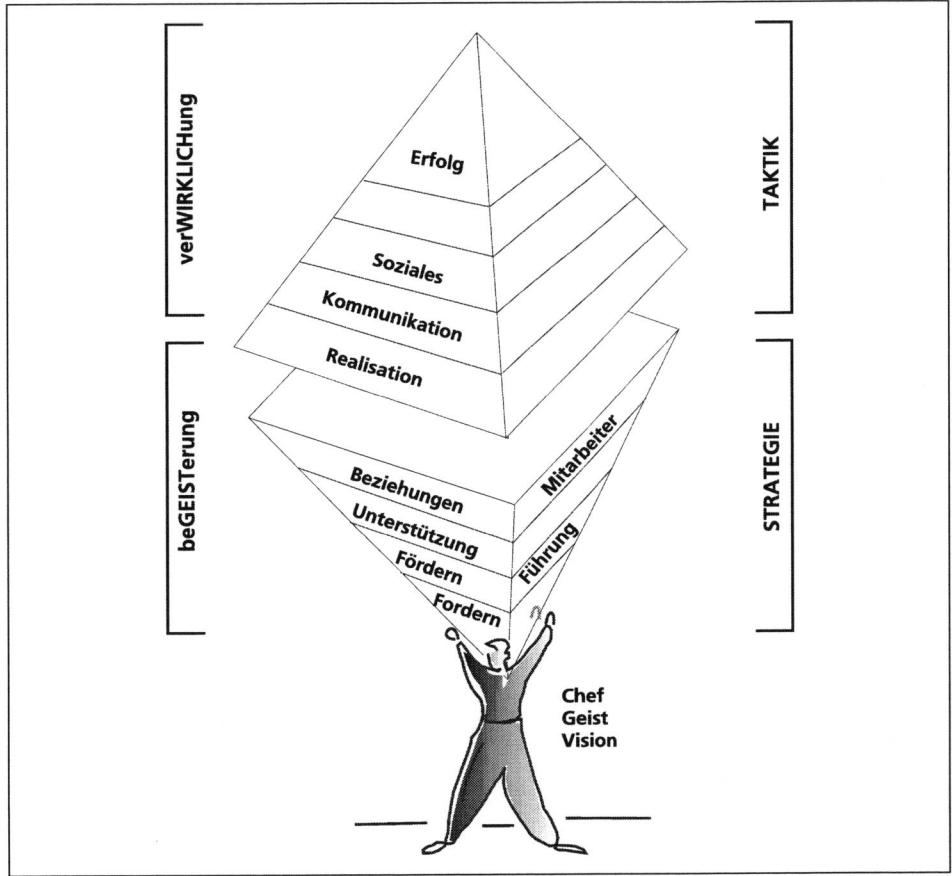

Abb. 4: Führungsverantwortung

Führungskräfte mit der Sensibilität eines Vorschlaghammers, der charismatischen Ausdünstung einer Kläranlage und dem Charme eines Zombies werden in einem hoch emotionalen Corporate Identity Prozess scheitern!

Die Führungskräfte müssen für den Erfolg des Corporate Identity Prozesses lernen, die Defizite der männlichen Sozialisation zu überwinden und sensible, emotionale Energien, Kommunikationskraft, Selbstverantwortung in den Geschäftsprozess zu integrieren. Die Führungskräfte in den Unternehmen und insbesondere die Marketingleute müssen dazu mehr und mehr die Aufgaben der Visionäre und der Protagonisten übernehmen, müssen die Flamme des unternehmerischen Geistes weiterreichen, es verstehen, ihre Mitarbeiter zu „beGEISTern", sie für den Wandel zu entflammen, damit sie ihrerseits mit Feuer und Flamme zu Werke gehen. Die alten Römer erfanden dafür den schönen Begriff der Faszination (lat. „fascinum"). Treffend übersetzt steht er für Bezauberung, die „Entführung" der Seele.

„In dir muss brennen, was du in anderen entzünden willst." (Augustinus)

Ein hohes Maß an Interesse und Begeisterung für die Sache, für das eigene Unternehmen und die in ihm arbeitenden Menschen, wie wir es nur noch von den Firmengründern in der Geschichte kennen, ist notwendig, um den Anforderungen die der Corporate Identity Prozess und die Zukunft stellen gerecht zu werden.

Mögliche Fragen zur Reflektion:
- Was denken Sie über Ihre Führungskräfte?
- Was erwarten Sie von Ihren Führungskräften?
- Welche Stellung haben Führungskräfte in Arbeitsteams in Ihrem Unternehmen?

- Wie stark werden die Führungskräfte in Ihrem Unternehmen respektiert?
- Wie stark werden die Führungskräfte in Ihrem Unternehmen geachtet?
- Welche Entscheidungen Ihrer Führungskräfte haben Sie verwundert?
- Wie sehr interessieren Sie sich für Ihre Führungskräfte, respektive für Ihre Mitarbeiter?
- Wie viel Zeit/Raum nehmen Sie sich, um Ihre Führungskräfte persönlich kennen zu lernen beziehungsweise um über Zwischenmenschliches zu sprechen?
- Besteht zwischen Ihren Führungskräften und Ihren Mitarbeitern ein gutes, ausgewogenes, partnerschaftliches Verhältnis aus Geben und Nehmen?
- Wo und wie können Sie Ihre Führungskräfte unterstützen?

Denn *„Management ist nichts anderes, als die Kunst, andere Menschen zu motivieren."* Lee Iacocca

Zusammenfassend möchte ich folgende Punkte nennen:
- Bilden Sie Teams – nicht nur auf der Kompetenz-Ebene, sondern auch auf der menschlichen Ebene.
- Teamarbeit heißt, gemeinsam arbeiten, sich ergänzen und nicht „Toll Ein Anderer Macht's"
- Lernen Sie, Ihre Führungskräfte zu begeistern, vermitteln Sie ihnen den Geist des Unternehmens, damit sie ihrerseits die Mitarbeiter begeistern, motivieren können.
- Begeistert sein heißt auch, über sich selbst hinauswachsen zu können. Lassen Sie das Wachstum Ihrer Mitarbeiter zu.
- Lehren Sie Ihren Führungskräften sensible, emotionale Energien, Kommunikationskraft und Selbstverantwortung zu entwickeln.
- Lassen Sie keine Machtkämpfe in Ihrem Unternehmen zu! Ein Unternehmen ist kein Ort für Platzhirsche und Revierkämpfe! Nur wenn alle gemeinsam an einem Strang ziehen, können die Aufgaben der Zukunft bewältigt werden.

5. Das Ziel im Auge

Eine Strategie ohne Ziel ist sinnlos. Ein Ziel ohne Strategie haltlos.

Jeder erfolgreiche Feldzug, jedes erfolgreiche Gefecht setzt eine Strategie voraus, welche sich an die speziellen Faktoren der jeweilgen Situation anpassen muss. Erfolgreiche Strategien folgen dabei stets gewissen Grundsätzen und Regeln. Diese Regeln und Grundsätze sind teilweise wissenschaftlich begründet und/oder basieren auf Erfahrungswerten. Die wichtigste Grundregel einer erfolgreichen Strategie ist eindeutig die der Zielsetzung. Denn jede noch so aufwendig erarbeitete Strategie wird sehr schnell wertlos, wenn das Ziel, auf das sie gerichtet ist, nicht existiert oder falsch definiert ist oder von falschen Grundlagen ausgegangen wird!

Besonders bei der Zielsetzung der Corporate Identity Strategie sollte daher unbedingt behutsam vorgegangen werden. Die einzelnen Ziele der Corporate Identity Strategie sind dabei vielfältig und für jedes Unternehmen unterschiedlich. Es bedarf einer genauen und sorgfältigen Analyse des Unternehmens und seines direkten bzw. indirekten Umfeldes, um die unternehmensspezifischen Ziele definieren zu können (siehe hierzu auch Kapitel „Ein erfolgreiches Unternehmensprofil in fünf Schritten / Schritt 1 – Zielerfassung").

Das exakte Wissen der Unternehmensführung um die allgemeinen Unternehmensziele wie auch um die Art und Weise, wie diese Ziele erreicht werden können bzw. sollen, ist daher besonders wichtig. Oft stelle ich aber in der Praxis fest, dass die wenigsten Unternehmen ihre Ziele klar und deutlich beschreiben können. Die häufigste Ziel-Definition lautet: „Wir wollen mehr Umsatz machen". Aber was ist das denn für ein Ziel? Es könnte bedeuten, dass man in Zukunft mehr Würstchen mit Senf in der Kantine verkaufen möchte oder dass man die Verkaufspreise der eigenen Produkte so weit senkt, dass der Umsatz steigt oder dass man korpulente Mitarbeiter über 50 an Weihnachten als Weihnachtsmänner verleiht. Was ich sagen will: Damit ein Wunsch ein echtes Ziel wird, ist es sinnvoll, einige grundsätzliche Regeln einzuhalten.

Folgende allgemeinen Anmerkungen sollen dabei helfen, die eigenen Unternehmensziele besser definieren zu können:

- Ziele sollten immer schriftlich formuliert sein. (Später können sie dann mit der tatsächlichen Unternehmenssituation verglichen werden und/oder dienen im Tagesgeschäft als Entscheidungshilfe.)
- Die Unternehmensziele müssen eindeutig und unmissverständlich, so präzise wie möglich, formuliert werden.
- Positive Formulierung.
- Die gesteckten Unternehmensziele müssen innerhalb der Unternehmensverantwortung liegen und dürfen nicht von Dritten oder anderen Faktoren abhängig sein.
- Unternehmensziele müssen auf Verträglichkeit (Ökologie) überprüft werden, damit sie nicht mit anderen (eigenen) Zielen kollidieren.
- Unternehmensziele müssen zeitlich terminiert sein, damit eine Kontrolle bzw. Überprüfung der Ergebnisse möglich ist.
- Auch in die Zielformulierung gehört das, was zur Erreichung der Unternehmensziele voraussichtlich notwendig ist. Wie sehen die ersten Schritte aus?
- Unternehmensziele müssen unbedingt innerhalb des Unternehmens kommuniziert werden, damit alle Mitarbeiter mit den unternehmensinternen Zielvorgaben vertraut sind.

Durch die Tragweite und Komplexität einer Corporate Identity Strategie ist es sinnvoll, die einzelnen Ziele auf verschiedenen Ebenen in Teilziele zu unterteilen. Jeder Phase der Corporate Identity Strategie wird dabei ein eigenes abgegrenztes Ziel zugewiesen. Diese Ziele müssen, wie jedes Ziel, einfach, logisch, widerspruchsfrei, klar und realistisch formuliert sein.

Um nicht den Überblick zu verlieren, teile ich die Ziele in drei Ebenen (in Teilziele) ein.

- Erste Ebene: Oberziel, Wir-Bewusstsein
- Zweite Ebene: Ziele nach innen (Führungsbezogene Ziel-Ebene)
- Dritte Ebene: Ziele nach außen (Imagebezogene Ziel-Ebene)

Diese von mir vorgeschlagene Einteilung ist nicht zwingend und kann durchaus auch anders vorgenommen werden.

Zusammenfassend möchte ich folgende Punkte nennen:
- Handeln Sie heute und nicht erst morgen.
- Werden Sie sich über Ihre Unternehmensziele klar.
- Vertrauen Sie öfter auf Ihr Bauch-Gefühl, vernachlässigen Sie die Einwände Ihrer Ratio.
- Motivieren Sie Ihre Mitarbeiter, sich über Ziele und Wege Gedanken zu machen. Motivation schafft Freude, Kraft und Energie.
- Diskutieren Sie Ihre Zielvorstellungen mit Ihren Mitarbeitern, um zu realistischen gemeinsamen Zielen zu gelangen.
- Äußern Sie Ihre Wünsche und Vorstellungen offen und gestatten Sie dies auch Ihren Mitarbeitern.
- Fixieren Sie die gemeinsamen Ziele und die Art und Weise, wie Sie gemeinsam diese Ziele erreichen möchten.
- Sorgen Sie dafür, dass alle Mitarbeiter, alle Beteiligten um die Ziele und den Weg dorthin wissen.
- Zeigen Sie Engagement und Entschiedenheit bei der Fixierung und der Umsetzung.

Ich möchte Sie an dieser Stelle bitten, die oben genannten Punkte ernst zu nehmen. Ich weiß, dass Ihnen das schon andere hundertmal erzählt haben, dass es Ihnen schon zu den Ohren rauskommt, dass Sie aber selbst wissen, wie wichtig diese Punkte sind. Also, Procrastination - packen Sie es jetzt an!

Oberziel: Wir-Bewusstsein

Die Corporate Identity Strategie hat die Aufgabe, ein gemeinsames Wertesystem (Philosophie), eine gemeinsame Sprache, ein gemeinsames Image, eine gemeinsame Kultur für alle Unternehmensmitglieder (<u>alle</u> Mitarbeiter, bis hin zu den Reinigungskräften) zu entwickeln.

Das Oberziel der Corporate Identity Strategie ist also die Schaffung eines starken, kollektiven Wir-Bewusstseins, das auf alle Mitarbeiter und Führungskräfte integrierend wirken soll. Alle Unternehmensmitglieder sollen sich gemeinsam als Kollektiv, als eine Einheit, als Mitglieder eines Ganzen begreifen lernen. Nur so können sich alle Beteiligten mit dem Unternehmen identifizieren und sich voll und ganz für die Unternehmensziele und damit für den gemeinsamen Erfolg einsetzen.

Ziele nach innen

Versteht sich das Unternehmen als System, dessen Gleichgewicht es zu wahren gilt, so ist die Integrations- und Koordinationsfähigkeit dieses Systems die Voraussetzung für dessen Überleben. Betrachtet man die Corporate Identity auf der führungsbezogenen Ziel-Ebene als Führungsinstrument, dann wird die Integration und Koordination zur Aufgabe der Corporate Identity Strategie.

Die Integration kann mithilfe der Corporate Identity Strategie erreicht werden, wenn es gelingt, durch Förderung des Wir-Bewusstseins (Oberziel) die Integrations- und Kooperationsbereitschaft der Mitarbeiter zu steigern. Dabei verhält sich die Integrations- und Kooperationsbereitschaft der Mitarbeiter proportional zu ihrer Zufriedenheit und der Identifikation mit dem Unternehmen.

Daraus ergeben sich als Unterziele der führungsbezogenen Ziel-Ebene der Corporate Identity Strategie

- Mitarbeiterzufriedenheit,
- eine bessere Identifikation der Mitarbeiter mit dem Unternehmen und den Unternehmenszielen,
- eine Steigerung der Leistungsmotivation der Mitarbeiter,

welche über die interne Kommunikationswirkung der Corporate Identity Strategie erreicht werden können.

Die Koordinationsfähigkeit bezieht sich auf den Informations- und Leistungsaustausch innerhalb des Unternehmens. Sie soll die Übereinstimmung und damit das Zusammenwirken interdependenter Entscheidungen mehrerer Entscheidungsträger bewirken. Eine zentrale Aufgabe bildet hierbei die Koordination der Ziele einzelner Unternehmensbereiche mit den übergeordneten Unternehmensinteressen. Durch diese Vorgehensweise kann eine konfliktäre Zielbildung, bedingt durch eine zunehmende Spezialisierung und eine fehlende Gesamtperspektive, vermieden werden.

Ziel der Corporate Identity Strategie auf der führungsbezogenen Ziel-Ebene ist also die Erschaffung, Vermittlung bzw. die Steigerung der Unternehmens-Leitidee (Unternehmens-Vision) und damit der Integrations- und Kooperationsbereitschaft der Mitarbeiter.

Bereits bei der Umsetzung der führungsbezogenen Ziele treten in der Regel schon sehr früh positive Synergieeffekte auf, die zu einer erheblichen Effizienzsteigerung im Unternehmen führen. Der Grund für diese Effizienzsteigerung liegt alleine in der Vereinfachung der internen Kommunikation durch die Einigung auf gemeinsame Ziele und Werte. Dieser gemeinsame Wertekonsens wird in der so genannten Unternehmensphilosophie schriftlich, für alle sichtbar, festgehalten. Dabei werden generelle, verbindliche Regeln definiert, die für jede Interaktion gelten und nicht jeweils neu geklärt werden müssen. Die Unternehmensphilosophie stellt also einen Orientierungsrahmen für das gesamte Unternehmen dar.

Ziele nach außen

Neben den nach innen gerichteten Zielen muss die Corporate Identity auch nach außen Wirkung zeigen. Somit kann ein Bereich der Corporate Identity Strategie auch als spezifische Ausprägung einer Profilierungsstrategie des Unternehmens bezeichnet werden.

Ziel dieser Ebene ist es, relevante Interaktionspartner zunächst einmal zur Selektion (e-vote-set) des eigenen Unternehmens und damit zur Kontaktaufnahme zu bewegen. Die hierbei entstehenden Austauschbeziehungen gilt es dann zu stabilisieren und langfristig zu sichern. Selektion und Kontaktaufnahme mit dem Unternehmen werden maßgeblich durch das wahrgenommene Image bzw. Erscheinungsbild beeinflusst. Die Stabilisierung der Austauschbeziehungen wiederum kann durch das Grundvertrauen der Interaktionspartner erreicht werden, welches auf dem Unternehmensprofil erwächst.

- Image bzw. Erscheinungsbild
- Grundvertrauen der Interaktionspartner
- Aufbau eines Unternehmensprofils

Derartige Imageziele werden zwar auch von der Öffentlichkeitsarbeit verfolgt, doch die besondere Leistung der Corporate Identity Strategie liegt in ihrer Aufgabe, bestehende Konzepte und Orientierungsgrößen auch zu hinterfragen, um sie gegebenenfalls zu modifizieren. In der allgemeinen Öffentlichkeitsarbeit hingegen wird am Bestehenden angeknüpft und dies nach außen getragen.

Eine eindeutige und in sich konsistente Unternehmens-Identität stellt die Basis dar, auf der Glaubwürdigkeit und Vertrauen entstehen können. Durch eine klare Positionierung des Unternehmens können auch die kommunizierten Informationen prägnanter gestaltet werden - hier bietet sich die Möglichkeit, das Problem der Informationsüberlastung seitens der Interaktionspartner abzubauen.

Dazu tragen auch die Mitarbeiter des Unternehmens bei, die durch ihr Verhalten in ihrem sozialen Umfeld möglichst einen in das Corporate Identity Konzept eingebundenen Beitrag zur Öffentlichkeitsarbeit des Unternehmens leisten. Welche Wirkung mit der Realisierung einer Corporate Identity Strategie tatsächlich erreicht wird, lässt sich durch die Überprüfung der übermittelten Informationen hinsichtlich Verständlichkeit, Glaubwürdigkeit und Einprägsamkeit messen. (siehe dazu Kapitel „Beispielhafte Auswertung der Befragungen mit einem Polaritätenprofil")

6. Die Bestandteile Ihrer Unternehmenspersönlichkeit (Corporate Identity)

Die Corporate Identity bzw. die Unternehmensstrategie bestimmt die Art und Weise, wie die unternehmerische Vision, die Unternehmensziele umgesetzt werden sollen. Sie zeigt also den grundsätzlichen Weg auf, ähnlich wie eine grobe Übersichtsstraßenkarte, den das Unternehmen in der Zukunft beschreiten will. Es geht nicht um Details oder darum, wie letztendlich eine Verkaufs- oder Marketingaktion aussieht, sondern vielmehr um die elementaren, fundamentalen Grundsätze, denen jede Aktion des Unternehmens in Zukunft folgen soll. Die Unternehmensidentität, der Unternehmenscharakter mit den prinzipiell gültigen Unternehmenswerten bilden dabei den wichtigsten und entscheidenden Grundbaustein, der neben der unternehmerischen Vision, (welche man, um in diesem Bild zu bleiben, als Fundament bezeichnen könnte) unerlässlich für ein erfolgreiches Arbeiten und Agieren am Markt ist.

In der Corporate Identity Strategie werden diese fundamentalen Werte und Wegrichtungen festgelegt. Corporate Identity kann dabei als Unternehmens-Identität oder Unternehmens-Charakter ins Deutsche übersetzt werden. Auf Grund ihrer essenziellen Funktion für das zukünftige taktische und operative Marketing kommt der Corporate Identity Strategie diese wichtige Bedeutung zu (siehe Abbildung 5).

Nun legt der Identitätsbegriff den Gedanken nahe, eine Parallele zwischen der Identität von Personen und der von Unternehmen zu ziehen. Es gibt jedoch viele Unterschiede, sodass sich die personelle Identität von der Unternehmensidentität so sehr unterscheidet, dass eine Vergleichbarkeit meines Erachtens nicht gegeben ist.

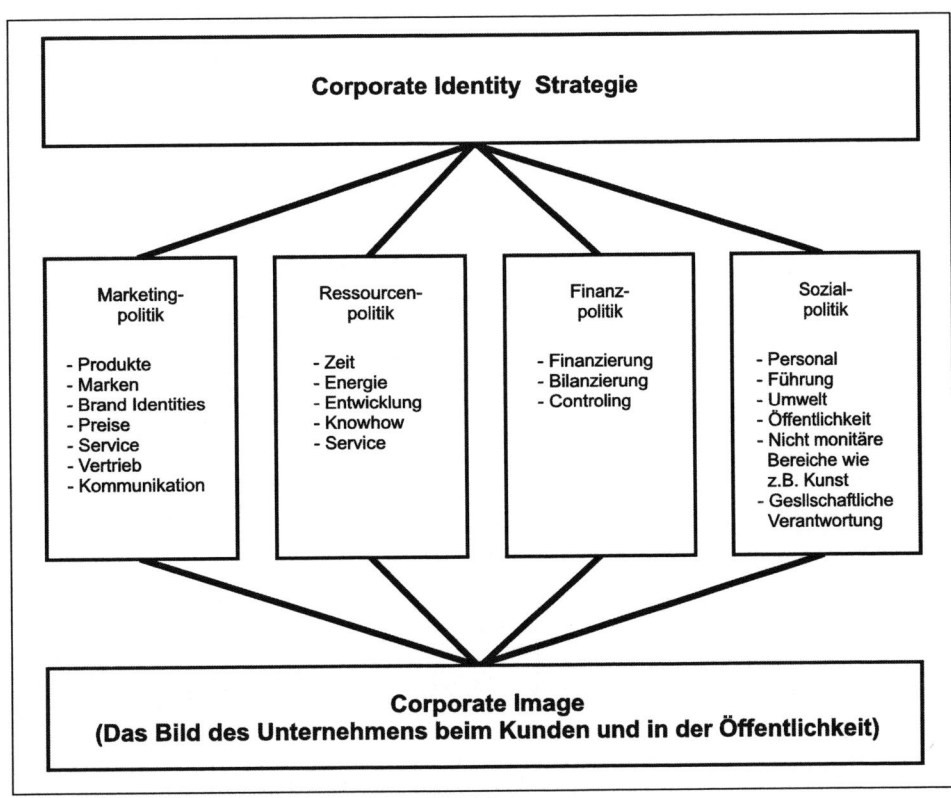

Abb. 5: Der Einfluss der Corporate Identity Strategie

Der Corporate Identity Gedanke hat nicht zum Ziel, die persönlichen Identitäten seiner Mitarbeiter aufzuheben, um eine gemeinsame Identität zu schaffen, sondern möchte vielmehr gemeinsame, unternehmensorientierte Wertvorstellungen, Ziele und Grundsätze zur leichteren Identifizierung der Mitarbeiter mit dem Unternehmen kommunizieren.

Wird hingegen eine Identität von der Unternehmensleitung aufgesetzt, geraten all die Mitarbeiter in Konflikte, die eine ausgeprägte eigene und anders geartete Identität besitzen.

Damit aber die Individualvorstellungen der einzelnen Mitarbeiter hinreichend Integration in die Unternehmensidentität finden, ist eine gemeinsame Gestaltung der Unternehmensidentität (siehe Corporate Identity Arbeitsgruppe) zur erfolgreichen Implementierung einer Corporate Identity Strategie unabdingbar.

Die Vision als Leitidee

Am Anfang eines Unternehmens steht immer eine Idee. Eine zukunftsweisende Vision. Das Visionäre sichtbar zu machen, es konsequent zu entwickeln, es in die Tat umzusetzen, es in den Alltag eines Unternehmens zu überführen ist eine zentrale Aufgabe der Corporate Identity Strategie. Ohne Vision gibt es keine Strategie! Erst die unternehmerische Vision zeigt die strategische Richtung für das Unternehmen auf und wird daher auch als Leitidee bezeichnet.

Die Vision drückt also den Sinn des Unternehmens aus und erklärt, was das Unternehmen will, wie es sich selbst sieht und welchen Beitrag es für die Gesellschaft leisten möchte. Der Sportartikelhersteller ADIDAS hat seine Vision wie folgt formuliert: „Wir wollen den Menschen helfen, die größte Erfüllung im Sport zu finden, indem wir ihnen die besten Produkte in Hinsicht auf Funktion, Aussehen, Qualität und Komfort zu Verfügung stellen."

Oft ist die Vision aber derart dominant, dass eine Corporate Identity mitunter alleine aus ihrer allgemeinen Akzeptanz resultiert.

So verleiht zum Beispiel die Vision, die Gründeridee der Mitarbeiterorientierung von Hewlett und Packard ihrem Unternehmen eine bis heute anhaltende Prägung. Ähnlich findet die Vision des IKEA Gründers Ingvar Kamprad *„Wir wollen den vielen Menschen einen besseren Alltag schaffen"* eine bis heute anhaltende, gerade zu selbstverständlich wirkende Integration in das Unternehmensverhalten.

Diese Unternehmen zeigen, dass die unternehmerische Vision, die Gründeridee zu einer ausgeprägten Corporate Identity führt, wenn sich die Vision auf die Mitarbeiter überträgt und die Mitarbeiter sich mit den aus der Vision abgeleiteten Zielen identifizieren können.

Ein weiteres Beispiel, wie eine Corporate Identity alleine aus einer starken Unternehmerpersönlichkeit entstehen kann, findet man in dem Buch „Virtuoses Marketing" von Klaus Kobjoll, in dem er sein Tagungshotel „Schindlerhof" beschreibt.

Ist die Vision, die Gründeridee im Unternehmensbewusstsein nicht mehr vorhanden (z.B. durch den Wechsel der Unternehmensführung etc.), so ist es die Aufgabe der Corporate Identity Strategie eine neue Leitidee zu schaffen, welche die Werte der Mitarbeiter und die der Unternehmensleitung vereint.

Eine weitere wichtige Aufgabe der Corporate Identity besteht aber auch darin, die vorhandene Gründeridee zu hinterfragen, inwiefern diese noch zeitgemäß und/oder zweckmäßig ist.

Unabhängig davon, ob die Vision der Unternehmensgründer heute noch in ihrer ursprünglichen Form existiert oder eine neue bzw. angepasste Version ihren Platz eingenommen hat, bildet die Vision, die Leitidee den Kern der Unternehmensphilosophie.

Unternehmenskultur

Die Unternehmenskultur ist die gelebte Wirklichkeit, das Verhalten des Unternehmens und seiner Mitarbeiter - heute, hier und jetzt. Sie beginnt mit dem Tag der Unternehmensgründung. Sie entwickelt sich aus der Vision, den grundlegenden Wert- und Glaubensvorstellungen der Firmengründer. Diese grundlegenden Werte der Firmengründer dominieren - den jeweiligen Zeitgeist bzw. die vorliegenden situativen Bedingungen widerspiegelnd - zunächst die Unternehmenskultur, indem sie unter anderem erste Entscheidungen über Personal, Führungsstil, Technologie, Architektur, Firmenzeichen, Firmenfarben etc. prägen (siehe Abbildung 6).

Beeinflusst durch die situativen Rahmenbedingungen, vollzieht sich vor diesem Hintergrund ein evolutionsartiger Prozess der Unternehmenskultur Prägung. Im Laufe dieser Entwicklung operationalisiert sich der Kulturkern in Form von offiziellen Regeln und Richtlinien. Es bilden sich allgemeine Grundsätze des Unternehmens heraus.

Gleichzeitig manifestieren sich die durch die Unternehmenskultur geprägten und gelenkten Erfahrungen des Unternehmens bzw. deren Mitarbeiter in Entscheidungsprozessen, Unternehmensstrukturen und Symbolsystemen. Dabei kommt den Symbolsystemen wie Architektur, Dekor, Firmenzeichen, Firmenfarben - aber auch Geschichten, Sagen, Riten, Ritualen etc. im

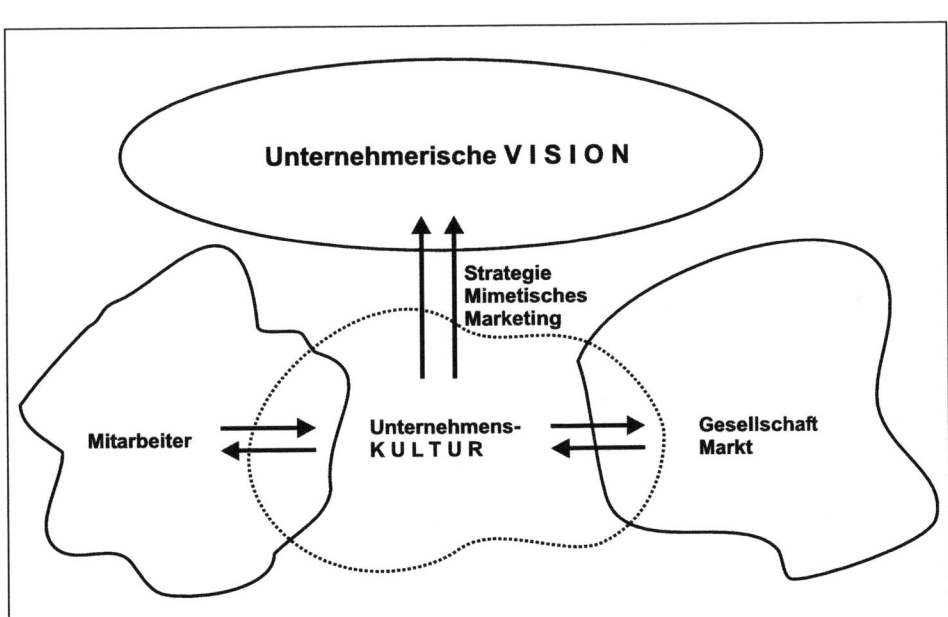

Abb. 6: Beeinflussung der Unternehmenskultur durch die unternehmerische Vision

Hinblick auf die Aufrechterhaltung und Weiterführung der Unternehmenskultur eine zentrale Bedeutung zu.

Im Laufe der Geschichte des Unternehmens entwickelt die Unternehmenskultur eine gewisse Eigendynamik und nimmt zunehmend Einfluss auf das Verhalten der Unternehmensmitglieder, etwa in Gestalt von Belohnungs- und Bestrafungsmechanismen. In dieser Weise kommt der Unternehmenskultur mit der Zeit die Funktion eines nicht strukturellen Koordinationsinstrumentes zu. Bewährte Denkschemata, Verhaltensweisen und Problemlösungsstrategien werden als Kompetenzdefinition aufrechterhalten, generell weitervermittelt und dienen den Unternehmensmitgliedern als Quelle direkter persönlicher Identifikation.

Solange die Unternehmenskultur Verhaltensweisen bereitstellt, welche auf die Unternehmensziele hinführen, weist sie einen funktionalen Charakter auf.

Während mit der Unternehmensphilosophie die Wertebasis für das Denken und Handeln im Unternehmen definiert wird, beinhaltet die Unternehmenskultur darüber hinaus die Verhaltens- und Objektebene des Unternehmensgeschehens und damit eine Wertekonkretisierung. Die Unternehmenskultur resultiert also aus der Gesamtheit (Teilaspekte können durchaus in Vergessenheit geraten) der historisch gewachsenen, aber auch durch die aktuelle Situation beeinflussten Denkmuster, Überzeugungen, Verhaltensnormen und Verhaltensweisen, Verhaltensroutinen, Strukturen und Organisationssysteme, Potenziale und Ressourcen, Beziehungen und Gegebenheiten innerhalb des Unternehmens.

Unternehmensphilosophie

Die Begriffe Unternehmensphilosophie und Unternehmenskultur werden oftmals in der Literatur synonym verwendet oder zumindest nicht systematisch in Relation zueinander benutzt. Ich sehe die Unternehmensphilosophie als Kern und Grundlage der Unternehmenskultur. Die Unternehmenskultur ist die gelebte Wirklichkeit, welche auch durch die Geschichte des Unternehmens, die grundlegenden Werte und Glaubensvorstellungen der Firmengründer geprägt ist.

Die Unternehmensphilosophie enthält die Wertvorstellungen sowie das Selbstverständnis des Unternehmens in seiner Umwelt, die Art und Weise, wie man die Stellung und Funktion des Unternehmens in der Gesellschaft und Wirtschaft und das Verhältnis gegenüber dem Individuum sieht. Gleichzeitig enthält die Unternehmensphilosophie Vorstellungen darüber, wie sich das Unternehmen, d.h. jeder einzelne Mitarbeiter, verhalten soll, was er tun, lassen, messen und beurteilen soll, wie er Dinge einschätzen soll, wie etwas betrachtet werden soll usw.

Die Unternehmensphilosophie definiert also einerseits den Sinn unternehmerischer Existenz im Spannungsfeld zwischen Selbstverständnis der Unternehmung und der Erwartungshaltung ihrer Umwelt. Andererseits legt sie die groben internen und externen Verhaltensrichtlinien fest.

Weiter ist festzustellen, dass sich die Unternehmensphilosophie in erster Linie aus grundlegenden Werten im Sinne grundlegender Bewertungskriterien zusammensetzt, die aber nicht zwingend aus den Unternehmenszielen ableitbar sind.

Die Unternehmensphilosophie beeinflusst also auch die Zielbildung, sowohl auf der Ebene der obersten, originären Unternehmensziele, als auch die Wahl zwischen alternativen Zielen in konkreten, alltäglichen Entscheidungssituationen.

Die Bestandteile Ihrer Unternehmenspersönlichkeit (Corporate Identity)

Auch wenn die Unternehmensphilosophie in Ihrem Unternehmen nicht explizit in ausformulierter Form vorliegt, ist sie dennoch immer vorhanden und bestimmt implizit, unbewusst das Denken und Handeln im Unternehmen.

Aus vielfältigen Gründen, die ich später noch genauer erörtern werde, ist es unbedingt notwendig, diese Unternehmensphilosophie schriftlich zu dokumentieren.

Im später folgenden Kapitel 7 „Ein erfolgreiches Unternehmensprofil in fünf Schritten/Schritt 4 – Fixierung" habe ich zum besseren Verständnis eine exemplarische Unternehmensphilosophie und die dazu gehörigen Unternehmensleitlinien (siehe auch folgendes Kapitel) angeführt. Diese sollten Sie jedoch keinesfalls kopieren oder nachahmen! Nur eine unternehmensspezifische, individuelle Formulierung hat Aussicht auf Erfolg!

Unternehmensleitlinien

Während die Unternehmensphilosophie grundsätzlich abstrakt, allumfassend formuliert und relativ allgemein gehalten die kursbestimmende Summe der obersten Leitziele des Unternehmens im Sinne eines Unternehmensleitbildes definiert, eröffnet die Formulierung von Unternehmensleitlinien, welche ich als zwingendes Resultat der Formulierung der Unternehmensphilosophie betrachte, die Möglichkeit, konkrete Anweisungen und Verhaltensmaximen zu formulieren.

Im direkten Vergleich zur tatsächlich gelebten Unternehmenskultur kommt mit den Unternehmensleitlinien eine normative, zukunftsgerichtete Komponente hinzu, indem das Unternehmen selbst gewisse Soll-Vorgaben formuliert, wie etwa für Forschung und Entwicklung, Führung, den Umgang mit Kunden und/oder Kooperationspartnern etc.

Die Unternehmensleitlinien fassen also zentrale Orientierungspunkte und handlungsleitende Geschäftsprinzipien gegenüber der Gesellschaft, den verschiedenen Interaktionspartnern im und außerhalb des Unternehmens zusammen und konkretisieren damit die Vorgaben aus der Unternehmensphilosophie.

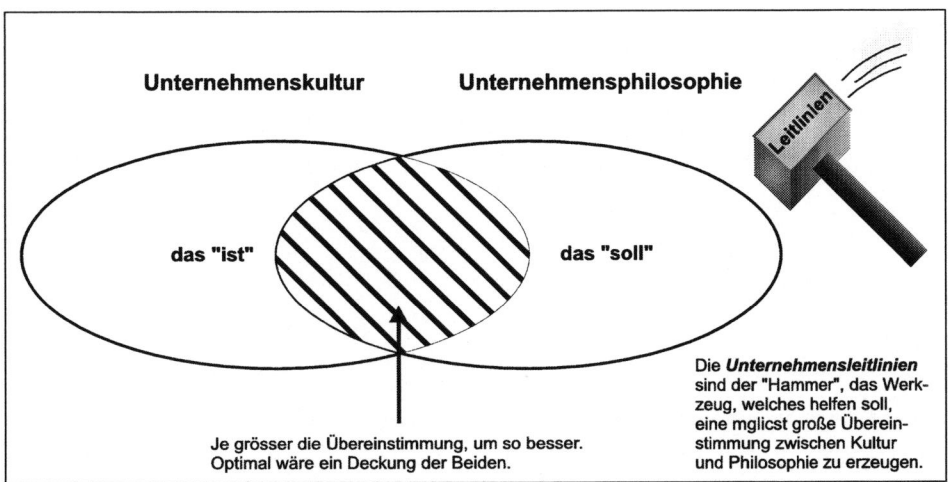

Abb. 9: Das „SOLL" und das „IST" – Die Unternehmensleitlinien als Werkzeug zur Veränderung der Unternehmenskultur

Die Unternehmensleitlinien sind also eine Art Werkzeug (Vergleiche Abb. 018 Hammer in der Grafik) zur zielorientierten Veränderung der Unternehmenskultur entsprechend der Soll-Vorgaben in der Unternehmensphilosophie.

Bei der Formulierung der Unternehmensleitlinien können Einzelaspekte wie zum Beispiel Führungsgrundsätze, Forschungs- und Entwicklungsgrundsätze und Grundsätze im Hinblick auf die Gestaltung der Austauschbeziehung mit Kunden, Zulieferern, Kooperationspartnern etc. unterschieden werden.

Es ist aber darauf zu achten, dass die Fixierung der Unternehmensleitlinien von Führungskräften und den Mitarbeitern nicht als völlig neue Anweisung verstanden wird, welche das bisherige Verhalten der Führungskräfte und Mitarbeiter als falsch definiert!

Weiter sollte bei der Fixierung der Unternehmensleitlinien darauf geachtet werden, dass die Formulierung einerseits konsistent zu den bisher erreichten Zielen ist und andererseits den Führungskräften und Mitarbeitern hilft, sich zukünftig noch besser an den in der Unternehmensphilosophie definierten Werten des Unternehmens zu orientieren.

Dazu ist es wichtig, dass auch die Unternehmensleitlinien, wie zuvor die Unternehmensphilosophie, gemeinsam mit den Führungskräften und den Mitarbeitern im Rahmen der Arbeit der CI-Arbeitsgruppe, deren Aufgabenfeld wir später noch genau betrachten, erarbeitet wird.

Die grundlegenden drei Ziele der schriftlich fixierten Unternehmensleitlinien sind:

Kontinuität und Einheitlichkeit
Den Mitarbeitern soll unabhängig von der jeweiligen Führungskraft die Gewissheit gegeben werden, dass sich die Führung an den in den Unternehmensleitlinien definierten Grundsätzen ausrichtet.

Transparenz
Den Mitarbeitern und Führungskräften wird der grundlegende Stil des Unternehmens und der daraus resultierende Führungsstil transparent und nachvollziehbar gemacht.

Integration
Die Integration von neuen Mitarbeitern oder neuen Führungskräften wird durch die schriftliche Fixierung der Unternehmensphilosophie und der Unternehmensleitlinien erleichtert. Übergangsschwierigkeiten und Dissonanzen werden weitestgehend vermieden. Die Erwartungshaltung in Bezug auf fachliche Aufgaben und soziales Verhalten des Unternehmens gegenüber dem neuen Mitarbeiter wird klar und verständlich.

Anmerkung: Damit die Unternehmensphilosophie und die Unternehmensleitlinien ihre Orientierungsfunktion auch tatsächlich erfüllen können, müssen sie (in ihrer endgültigen Fassung) sowohl für Mitarbeiter (siehe CI-Handbuch), als auch für die Interaktionspartner und die allgemeine Öffentlichkeit zugänglich gemacht werden (z.B. Veröffentlichung im Internet). Nur hierdurch besteht die Möglichkeit, dass die einzelnen Mitarbeiter sowie die Leitung des Unternehmens an den selbst gesetzten Maßstäben gemessen werden können (in Abstimmung mit einem Konzept zur Öffentlichkeitsarbeit).

Im später folgenden Kapitel 7 „Ein erfolgreiches Unternehmensprofil in fünf Schritten / Schritt 4 – Fixierung" habe ich exemplarische Leitlinien, welche Sie bitte auch nur als Beispiel betrachten, aufgeschrieben.

Jobdescriptions

Während die Unternehmens-Leitlinien für alle Mitarbeiter und Hierarchieebenen gleich lautende, grundlegende Verhaltensrichtlinien festschreiben, sind die Jobdescriptions / Stellenbeschreibungen personen- beziehungsweise Arbeitsplatz gebunden. Diese Stellenbeschreibungen sind direkte, konsistente Ableitungen der allgemeinen Unternehmensleitlinien.

Sie beschreiben die konkreten, auf den Arbeitsplatz bezogenen Verhaltensrichtlinien für jedes Mitglied im Unternehmen.

Anbei ein Beispiel für eine CI-gerechte Stellenbeschreibung

Der Sicherheits-Berater Herr Erwin Mustermann arbeitet projektorientiert, d.h. er ist alleine verantwortlich für die jederzeit optimale, professionelle, termingerechte, ehrliche und wirtschaftliche Betreuung aller ihm anvertrauten internen und externen Projekte und Kunden. Er arbeitet dafür eng mit seinen Partnern im Unternehmen Mustermann & Co GmbH zusammen, um stets von ihrem Know-how und ihrer Erfahrung, im Sinne einer optimalen, ergebnisorientierten Projektzielerreichung, zu profitieren. Er erfährt von seinen Partnern jederzeit Unterstützung in allen notwendigen Bereichen und unterstützt seinerseits seine Partner.

Sein Tätigkeitsfeld umfasst alle mit der Unternehmensphilosophie konformen Tätigkeiten. Er verpflichtet sich stets, seine ganze Arbeitskraft für die Interessen des Unternehmens und die erfolgreiche Betreuung seiner Projekte und Kunden einzusetzen.

Zur erfolgreichen Erreichung seiner Projektziele sowie der übergeordneten Unternehmensziele erhält er jederzeit jede sinnvolle Unterstützung seiner Partner sowie der Geschäftsleitung.

Seine Arbeitszeiten, seine Termingestaltung sowie die Art und Weise seiner Tätigkeiten richtet Herr Erwin Mustermann eigenverantwortlich an den wirtschaftlichen Interessen des Unternehmens und der ergebnisorientierten Erreichung seiner Projektziele, in Absprache mit der Geschäftsleitung, aus.

In seiner Verantwortung liegt ebenfalls die jederzeit umfassende Information der Geschäftsleitung über den Stand der von ihm betreuten Projekte sowie über alle für das Unternehmen relevanten Dinge und Aktivitäten.

Ein wesentlicher Bestandteil seiner Tätigkeit ist die Gewinnung von Neukunden, in der für das wirtschaftliche Arbeiten des Unternehmens notwendigen Anzahl und zur Erreichung eines durchschnittlichen Monatsumsatzes von ca. xxxxxxx,- Euro für seinen Verantwortungsbereich.

7. Die Instrumente Ihrer Unternehmenspersönlichkeit

Corporate Identity umfasst folgende drei grundlegende Bereiche:

Die Unternehmens-Kommunikation (das Sprechen)
Man spricht von Corporate Communication, kurz CC. Corporate Communication befasst sich mit allem, was sowohl intern als auch extern mitgeteilt wird. Alle Aussagen, sei es in Interviews, in der täglichen Korrespondenz oder in der Werbung, müssen aufeinander abgestimmt sein, damit das Unternehmen nach außen mit einer Stimme spricht.
„Public Relations ist jedermanns Job!" (Quelle unbekannt)

Das Unternehmens-Verhalten (das Verhalten)
Man spricht von Corporate Behavior, kurz CB.
Darunter ist das Auftreten, das Verhalten nach außen, aber auch nach innen zu sehen, damit die Öffentlichkeit das gewünschte Bild des Unternehmens erhält. Wie sehen die Mitarbeiter das Unternehmen und wissen diese, wie das Unternehmen gesehen werden sollte? Wenden die Mitarbeiter dieses Wissen entsprechend an? Wie ist der Umgang der Führungsebene mit den Mitarbeitern, gibt es Teamwork oder eine starre Hierarchie?

Das Unternehmens-Erscheinungsbild (das Aussehen)
Man spricht von Corporate Design, kurz CD. Das Corporate Design ist das grafische/optische Auftreten nach außen und nach innen, sei es durch Logos, Briefe, Anzeigen, Arbeitskleidung etc.

Diese drei Bereiche bedingen sich gegenseitig und müssen zwingend aufeinander abgestimmt sein, um eine Irritation der Kunden und der Mitarbeiter und damit eine Unglaubwürdigkeit zu vermeiden.

Corporate Communication

Corporate Communication (kurz CC) befasst sich mit allem, was sowohl intern als auch extern mitgeteilt wird. Alle Aussagen, sei es in Interviews, in der täglichen Korrespondenz oder in der Werbung müssen aufeinander abgestimmt sein, damit das Unternehmen nach außen mit einer Stimme spricht (siehe Abbildung 8).

Die Auseinandersetzung mit Aspekten des Wertewandels macht deutlich, dass der Unternehmenserfolg in zunehmendem Maße davon beeinflusst wird, ob und inwieweit es dem Unternehmen gelingt, gesellschaftliche Entwicklungen und die sich daraus ergebenden Anforderungen systematisch zu berücksichtigen. Im Zusammenhang mit der daraus resultierenden Forderung nach einem gesellschaftsorientierten Marketing ist die Konzeption der Corporate Communication zu sehen. Ziel der Corporate Communication Konzeption ist eine, die Aspekte der Gesellschaftsorientierung einschließende Unternehmensphilosophie, die normative Grundsätze für jegliche interne und externe Kommunikationsaktivitäten des Unternehmens definiert.

Dabei ist das Corporate Communication Konzept als strategische, übergreifende Klammer zu verstehen, die durchgängig alle Kommunikationsaktivitäten von der Absatz- und Beschaffungswerbung, Verkaufsförderung bis hin zur Public Relations Arbeit umfasst. Corporate Communication geht also weit über die traditionelle, Image bildende Public Relations Arbeit hinaus.

Die Instrumente der Unternehmenspersönlichkeit

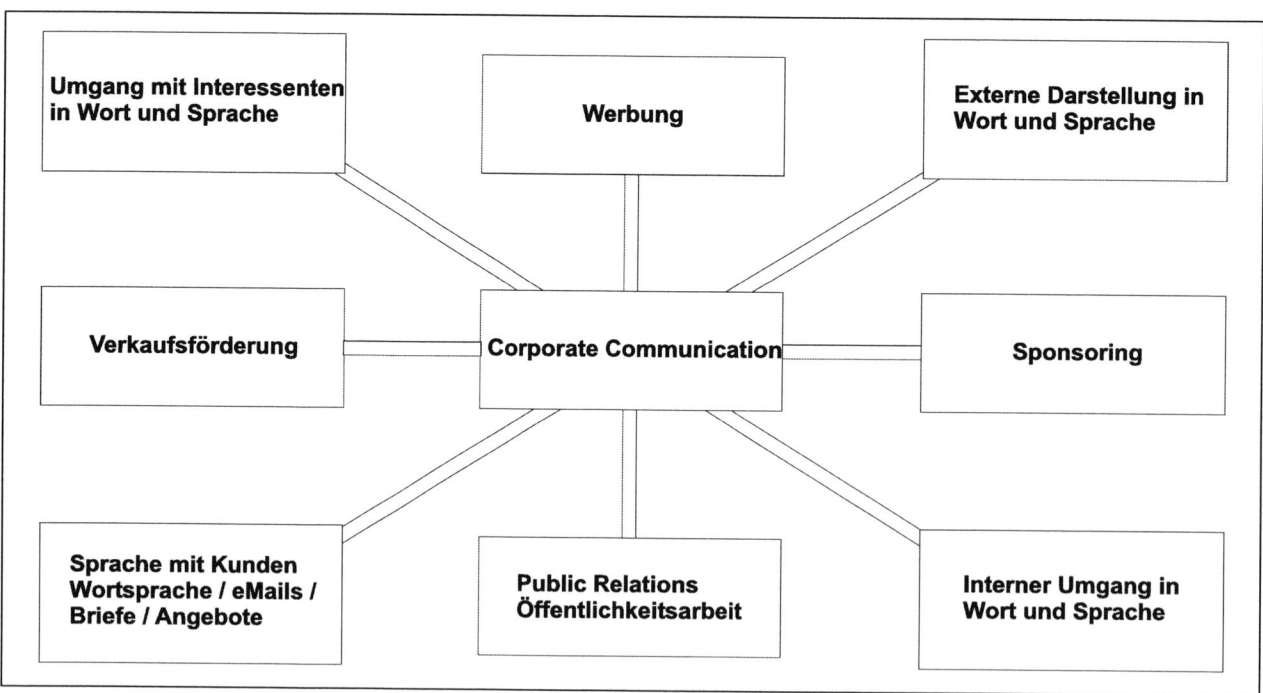

Abb. 8: Tragweite der Corporate Communication

Kernzielgruppe einer bereichsübergreifenden Corporate Communication (siehe Abbildung 9).

Vielmehr müssen auch die Kommunikationsaktivitäten der anderen Unternehmensbereiche ihren positiven Beitrag zur Unternehmensphilosophie gerechten Imageprofilierung beitragen.

Als generelle Ausrichtung der Corporate Communications Strategie ist die Ausschöpfung und langfristige Sicherung der vollen Unterstützungspotenziale aller Austauschpartner zu sehen. Weiter soll die Corporate Communication Strategie dazu beitragen, Synergieeffekte systematisch zu nutzen und zu sichern.

Dies gelingt langfristig aber nur, wenn die Gesamtheit aller Kommunikationsaktivitäten des Unternehmens in sich konsistent, glaubwürdig und auf gesellschaftsorientierte Leistungen ausgerichtet ist. Der Fokus liegt hierbei auf der Anpassung der Leistungspolitik an den sozialen Wandel und den daraus resultierenden gesellschaftlichen Anforderungen. Folgende direkte Aufgabenfelder der Corporate Communications lassen sich ableiten.

Durch die Corporate Communication soll das Risiko einer negativen Beeinflussung des Unternehmensimages bzw. einer generellen ungünstigen Beeinflussung von Wertvorstellungen der Zielgruppe sowie der Gesellschaft durch Medien, Initiativen, etc. gemindert werden. Es soll versucht werden, einseitigen Verantwortungszuweisungen, überzogenen Ansprüchen sowie einer verengten, technoökonomische Sachzwänge vernachlässigenden Problemperspektive entgegenzuwirken und insgesamt die Positiva des Unternehmens im Bewusstsein der Austauschpartner zu festigen.

Weiterhin soll die Corporate Communication sowohl bei grundsätzlichen wie auch bei gesellschaftspolitischen Krisensituationen darauf abzielen, Unterstützungspotenziale innerhalb der Gesellschaft zu identifizieren und zu mobilisieren.

Die hier dargestellten Grundzüge der Corporate Communication machen die Bedeutung für die Unternehmensphilosophie deutlich. Im Szenario gesellschaftlicher Diskussionen in Form der Darlegung von Unternehmensstandpunkten und der generellen Bereitschaft zum Dialog

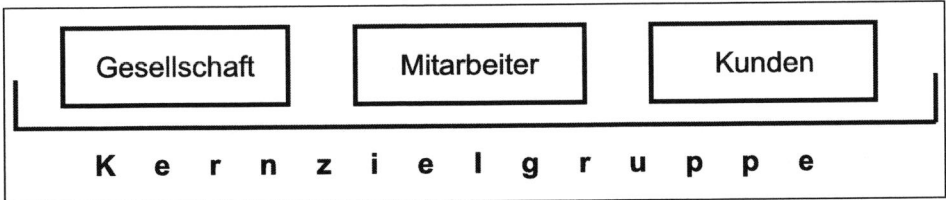

Abb. 9: Kernzielgruppe einer bereichsübergreifenden Kommunikation

mit der Gesellschaft ergibt sich für das Unternehmen zur Sicherung seiner Glaubwürdigkeit die Notwendigkeit, in sich konsistent argumentieren zu können. Als Voraussetzung dafür sehe ich die Konzeption zur Kommunikation der Unternehmensphilosophie. Ziel dieses Konzeptes ist ein nachweisbarer Identitätsgewinn, den das Unternehmen bezüglich seines Images in der Gesellschaft realisieren kann. Dieser Identitätsgewinn resultiert aus der Summe sämtlicher kommunikativer Einzelaktivitäten und deren Wirkung, welche auf deren Kompatibilität überprüft und an den von der Unternehmensphilosophie vorgegebenen Grundsätzen ausgerichtet sind. Für die Summe aller Kommunikationsaktivitäten des Unternehmens lässt sich dabei folgender Aktionsradius abstecken:

Leistungsbezogene Kommunikation
Die Leistungen des Unternehmens für die Gesellschaft werden aus den Kompetenzformulierungen abgeleitet und verdeutlicht.

Imagebezogene Kommunikation
Missverständnisse werden ausgeräumt.

Kontextbezogene Kommunikation
Einflussnahme auf gesellschaftspolitische Rahmenbedingungen durch aktive Kommunikationsmaßnahmen.

Die Bereitschaft des Unternehmens zu einem derartigen Dialog dient letztendlich auch einem kritischen Hinterfragen der unternehmenseigenen Position. Die Erarbeitung und Darlegung der unternehmenseigenen Standpunkte sind bereits die Voraussetzung für Dritte oder allgemein die Gesellschaft, diese Standpunkte zu diskutieren und gegebenenfalls zu teilen.

Der Identitätsgewinn für das Unternehmen liegt also zum einen in der Versachlichung von Standpunkten durch einen verbesserten Informationsfluss, und zum anderen in der konsensfähigen Basis des Kommunikationskonzeptes, welches sich an den Wertewandel in der Gesellschaft und den sich daraus ergebenden Anforderungen anpasst.

Das zentrale Ziel der Corporate Communications Strategie ist also die Schaffung eines Wertekonsenses nach innen und außen, welches den Rahmen für die Planung und Umsetzung aller kommunikativer Aktivitäten des Unternehmens vorgibt.

Corporate Behavior

Das unternehmensgerechte Verhalten (Corporate Behavior oder kurz CB) umfasst sowohl intern wie auch extern wahrgenommene Verhaltensweisen, die im Allgemeinen als „Stil des Hauses" beschrieben werden. Dieser Stil zeigt sich insbesondere im Umgang mit Kunden, Lieferanten und Mitarbeitern. Ziel der Corporate Identity Strategie ist es, das wahrgenommene Image am Entwurf eines Soll-Images zu messen, um es ggf. zu korrigieren. Dies wird im Bezug auf die Verhaltensweise der Mitarbeiter bzw. des Unternehmens insgesamt möglich, wenn für Handlungsalternativen Vorgaben in Gestalt eines normativen Rahmenkonzeptes zur Verfügung stehen, die verhaltensbestimmend wirken.

Einen maßgeblichen Einfluss auf den „Stil des Hauses" übt die Personalpolitik aus. Sie beeinflusst direkt den internen Umgangston und damit auch die nach außen gerichtete Verhaltensweise der Mitarbeiter. Deshalb greife ich hier exemplarisch die Personalpolitik heraus, um die instrumentelle Seite der Entstehung von Corporate Behavior aufzuzeigen.

Die aus der Unternehmensphilosophie abgeleiteten Grundsätze für die Personalpolitik, welche auch allgemein als Führungsgrundsätze bezeichnet werden können, sollen sich auf das gesamte personalpolitische Instrumentarium beziehen; also auf die Wahl des Führungsstils, die Gestaltung des Personalaufwands, Ausbildungs- und Stellenbesetzungspolitik, Gestaltung der Arbeitsbedingungen, Personalwerbung etc.

Durch den Einfluss der Personalpolitik auf Personalauswahl und Personalentwicklung wird sie für die Unternehmensleitung zu einem der wichtigsten Instrumente der Gestaltung der Unternehmenskultur und damit der Schaffung einer Corporate Identity.

Dieser Einfluss liegt in der Umsetzung einer spezifischen, sich in der Unternehmensphilosophie begründenden Denkhaltung. Durch diese grundsätzliche Denkhaltung kann über die Weiterentwicklung der Organisationsstruktur hinaus das Mitarbeiterverhalten in eine bestimmte Richtung (beispielsweise von einer sicherheitsorientierten Rollenkultur zu einer risikofreudigen problemorientierten Aufgabenkultur) verändert werden.

Das heißt, gelingt es der Unternehmensführung mithilfe der Personalpolitik, die Mitarbeiter vom definierten und vorgelebten „Stil des Hauses" zu überzeugen, so werden Führungsgrundsätze und Denkhaltung von den Mitarbeitern angenommen. Das angestrebte Corporate Behavior ist nach innen und außen wahrnehmbar.

Corporate Design

Das Corporate Design, kurz CD genant, bildet die dritte Säule der Corporate Identity Strategie. Im Corporate Design spiegelt sich das Ansehen des Unternehmens wider. Ich möchte im Folgenden am Beispiel der Produktpolitik die Aufgaben und die Leistungen des Corporate Designs aufzeigen. Das Corporate Design unterstützt die Profilierung des Unternehmens im Rahmen der Corporate Identity Strategie, indem das Produkt durch die symbolische Wirkung eines entsprechend gestalteten Designs zum Kommunikationsträger einer zum Unternehmen gehörenden Idee wird.

Das Corporate Design unterstützt also eine klare Abhebung, Abgrenzung der eigenen Produkte gegenüber denen der Konkurrenz, selbst dann, wenn keine anderen Merkmale zur Differenzierung am Markt greifen.

Daraus folgt: Eine von klaren Werten der Unternehmensphilosophie geprägte Produktpolitik lässt die Produkte des Unternehmens für sich selbst sprechen. Diese Produkte sind in der Lage, die aus der Unternehmensphilosophie übernommenen Werte an den Konsumenten weiter zu vermitteln. Das heißt, die Unternehmensführung kann eine durch die Corporate Identity Strategie standardisierte und bereicherte Produktpolitik als Instrument der Darstellung ihrer Philosophie nutzen.

Im Rahmen der Erarbeitung einer Corporate Identity Strategie stellt sich die Frage, in welcher Form bestehende Unternehmen und/oder Produkte in ein gemeinsames Corporate Design Konzept zu integrieren sind. Diese Frage lässt sich jedoch aus der Sicht des Marketings nicht grundsätzlich beantworten, sondern bedarf einer individuellen Abwägung verschiedener Einflussfaktoren und Zielsetzungen. Grundsätzlich können folgende alternative Intensitätsgrade verwendet werden:

1. Vollständige Neugestaltung der Unternehmens- und Produkt-Identität nach den klaren Werten der Unternehmensphilosophie.
2. Verdeutlichung der Referenz der Produktidentität zum Unternehmen bei einer neu gestalteten Unternehmensidentität.
3. Umgestaltung bzw. Annäherung der bestehenden Unternehmens- und Produkt-Identität im Sinne des Corporate Designs.
4. Aufbau bzw. Aufrechterhaltung völlig eigenständiger Identitäten.

Hinsichtlich der Gestaltung des Firmenzeichens ist eine Variante auszuwählen, die positive Aspekte des alten Firmenzeichens, als Ausdruck vergangener Marktinvestitionen, mit einer eventuell notwendigen verbesserten ästhetischen Anmutung, Lesbarkeit und Funktionalität verbindet. Dabei ist von entscheidender Bedeutung, dass die vom äußeren Erscheinungsbild ausgehenden Assoziationen bei der relevanten Zielgruppe in die gewünschte Richtung gehen.

Noch ein Hinweis zum Thema Logo:
Das Logo ist wohl das bekannteste, gleichzeitig aber unbedeutenste Element des strategischen Corporate Identity Prozesses. Leider wird das Corporate Design sehr oft als wichtigste Komponente falsch verstanden.

Das Wort Logo stammt aus dem angelsächsischen Sprachgebrauch und ist die Kurzform des Wortes Logotype. Im Marketing steht das Logo für ein grafisches Symbol oder Zeichen, welches ein Unternehmen oder eine Organisation repräsentieren soll. Ein Logo soll also ein vereinfachtes Bild des Unternehmens sein. Optisch auf simple Art und Weise kommunizieren, was das Unternehmen, das es repräsentiert, ausmacht. Es soll dabei Aufmerksamkeit erwecken, Signalwirkung haben, informieren und einen Erinnerungswert haben, der eigenständig und langlebig ist. Dabei soll es sich in das Unternehmen und in seine Kommunikation integrieren.

Die niederländische Firma V.O.C., welche sich mit dem Vertrieb von Gewürzen beschäftigte, war übrigens die erste Aktiengesellschaft der Welt und auch das erste Unternehmen mit einem Logo, das seinerzeit bekannter war als heute das Coca-Cola-Logo.

Warum braucht eigentlich ein Unternehmen ein Logo?!
Um diese Frage exakt und eindeutig zu beantworten, muss man tief in die Psychologie des Menschen eindringen. Viele schlaue Leute haben sich mit diesem Thema sehr lange und ausführlich beschäftigt. Um den geneigten Leser an dieser Stelle aber nicht zu langweilen, fasse ich die wichtigsten, grundlegenden Erkenntnisse kurz und schematisch zusammen.

1. Grafiken und Symbole sind älter als jede Schrift. Sie sind über Sprachgrenzen hinaus verständlich.
2. Menschen erinnern sich leichter an visuelle Dinge wie Grafiken oder Symbole, als an Worte oder Texte.
3. Ein Unternehmen ist, von außen betrachtet, ein sehr komplexes Gebilde. Besonders bei großen Unternehmen und Konzernen ist oft nicht auf den ersten Blick erkennbar, welche Produkte oder Dienstleistungen sie anbieten oder produzieren. Ein grafisches Symbol kann an dieser Stelle helfen, das Unternehmen zu beschreiben.

Eine weitere interessante Frage, die verwunderlicher Weise immer wieder gestellt wird, ist folgende: Muss man ein Logo nach einer bestimmten Zeit verändern? Klare Antwort: Jaein. Ein gutes Logo wie zum Beispiel der Kranich der Lufthansa, die Spardose der Dresdner Bank, die Shell Muschel oder der BMW Propeller ist zeitlos! Es unterliegt keinen modischen Schwankungen und ist allgemein gültig. Dennoch kann man auch modische und geschmackliche Veränderungen in einem zeitlosen Logo verwirklichen, wenn man sehr behutsame und kaum sichtbare Retuschen vornimmt. Ein gutes Beispiel für die behutsame Anpassung eines Logos an den Zeitgeist ist der Coca-Cola Schriftzug. Die Veränderungen sind nur im direkten Vergleich der nebeneinander liegenden alten und neuen Signets (Logos) sichtbar.

Meiner Meinung nach ist der einzige sinnvolle Grund, ein gutes Logo grundlegend zu verändern, eine grundsätzliche Änderung im Unternehmen; in dem, was das Unternehmen ist oder in Zukunft sein will!

8. Ein erfolgreiches Unternehmensprofil in fünf Schritten

So weit, so gut. Um Ihnen in Ihrem Unternehmen zu helfen, die hier anskizzierten Ideen und Visionen tragfähig zu machen, die Durchsetzung sowie die Umsetzung zu gewährleisten, füge ich hier und auf den kommenden Seiten eine exemplarische Konzeptentwicklung an. Nehmen Sie diese als Beispiel, als Anleitung, um für Ihr Unternehmen ein individuell passendes Konzept abzuleiten.

„Wer den Zweck will, darf vor den Mitteln nicht zurückschrecken."

Als notwendige, grundlegende Voraussetzung sehe ich folgende Punkte:

- Verabschiedung, Akzeptanz und Unterstützung eines ganzheitlichen, nachhaltigen Konzepts bzw. Projekts durch die Geschäftsleitung und das Führungspersonal. Sie sind die Träger und Botschafter des Gedankengutes. Es liegt in ihrer Verantwortung, die Verwirklichung der Umstrukturierung zu initiieren.
- Die Langfristigkeit des Projektes muss erkannt und akzeptiert werden. Ohne entsprechendes Durchhaltevermögen sind alle Bemühungen zum Scheitern verurteilt und ein möglicher, nachhaltiger, langfristiger Erfolg ist nicht zu gewährleisten.
- Offenheit aller Beteiligten, offene Kritik und offene Bedenken
- Uneingeschränkte Unterstützung aller Beteiligten zur Erreichung der gemeinsamen Ziele
- Keine „Alleingänge", keine Selbstverwirklichung
- Festlegung und Implementierung eines Projektmanagements, einer Arbeitsgruppe, mit direkt Verantwortlichen als organisatorische Voraussetzung (Verankerung) des Konzepts intern im Unternehmen. In Doppelfunktion sind diese die konkreten Ansprechpartner für einen evtl. hinzugezogenen externen Berater.

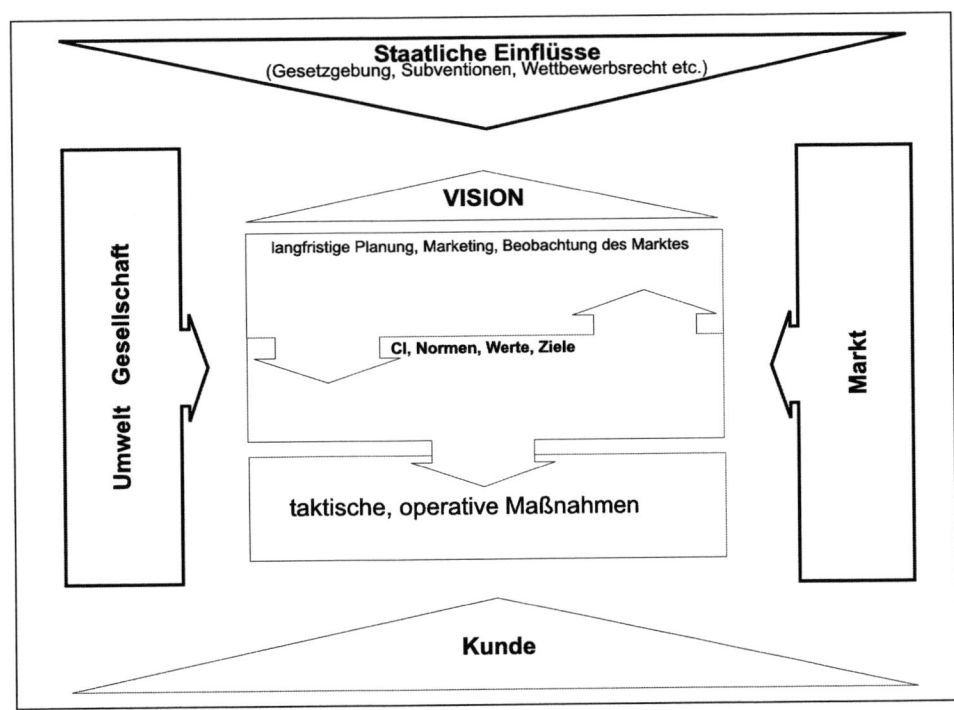

Abb. 10: Einflüsse auf die Corporate Identity Strategie, die es zu beachten gilt.

Ein erfolgreiches Unternehmensprofil in fünf Schritten

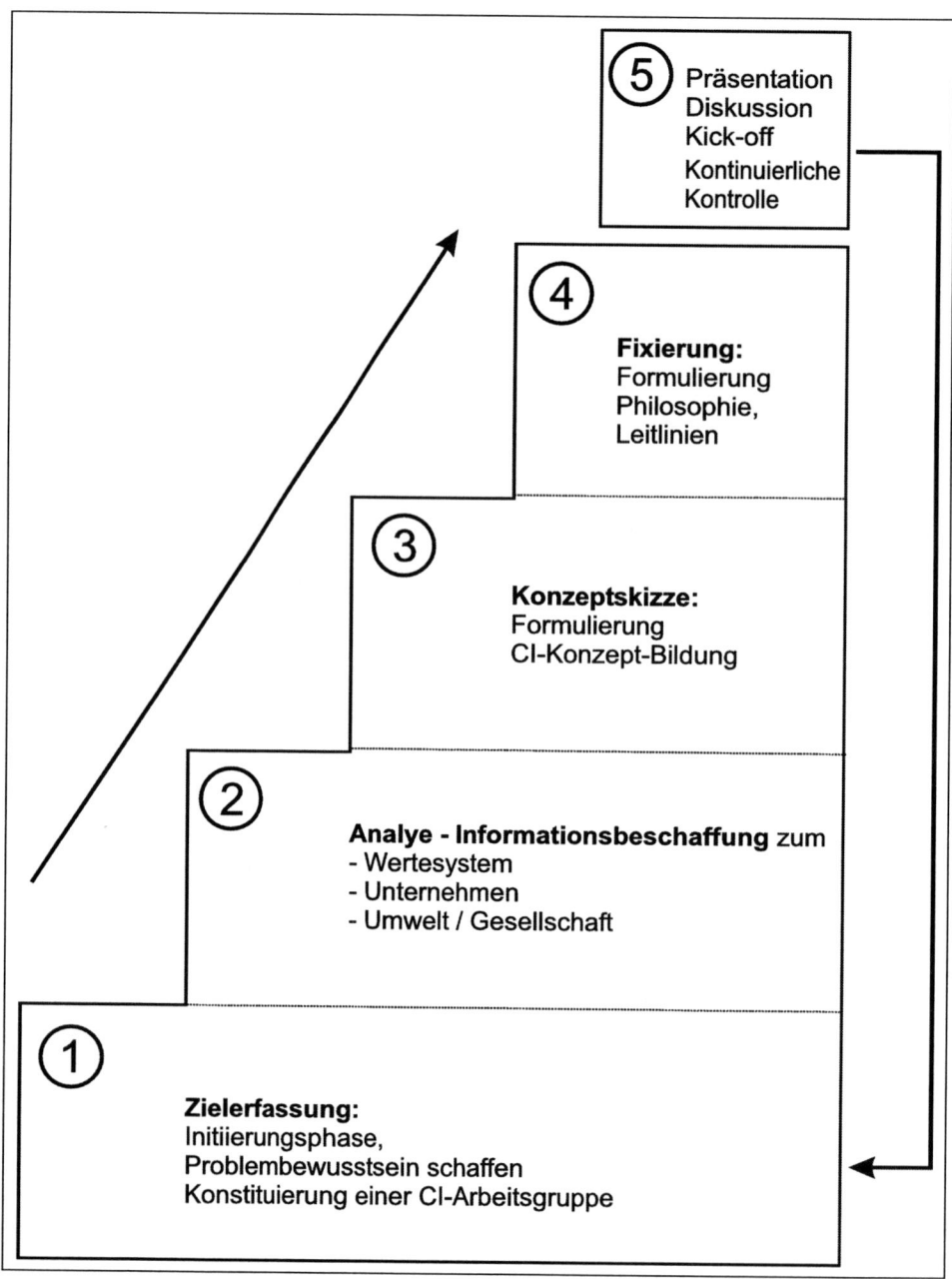

Abb. 11: – Die fünf Schritte zum Erfolg

Die Leitidee dieses Konzeptes liegt in der Erschaffung einer unverwechselbaren Unternehmenspersönlichkeit, einer Corporate Identity. Der Corporate Identity Gedanke muss sich auch darin konkretisieren, dass die Mitarbeiter schon in einem sehr frühen Stadium über die Grobziele sowie über die generellen Arbeitsschritte informiert werden. So können eine generelle Verunsicherung und die damit verbundenen Irritations- und Demotivationseffekte vorab unterbunden werden. Gleichzeitig hilft dies, die Akzeptanz der Veränderung zu erhöhen und sicherzustellen, dass die Corporate Identity auch gelebt wird.

Die Schritte zur Erarbeitung und Implementierung der Corporate Identity habe ich wie folgt definiert:

1. Schritt: Initiierungsphase und Bildung einer CI-Arbeitsgruppe
2. Schritt: Informationsbeschaffung
3. Schritt: Konzeptbildung und Konzeptskizze
4. Schritt: Fixierung und Formulierung
5. Schritt: Überführung in den Unternehmensalltag - Implementierung

Schritt 1 – Zielerfassung

Die Entscheidung für einen Corporate Identity Prozess kommt in der Regel aus den Reihen der Unternehmensleitung. Diese hat nun im Rahmen des ersten Schritts die Aufgabe, zunächst die Führungskräfte, später dann alle Mitarbeiter über die Ziele und Möglichkeiten der Corporate Identity Strategie zu informieren. Es gilt, eine Sensibilität, ein Problembewusstsein im Unternehmen zu schaffen, um eine aktive Auseinandersetzung mit der Thematik Corporate Identity zu ermöglichen beziehungsweise zu fördern.

Die Koordination, die Kontrolle und die Leitung dieser ersten Schritte wird in mittelständischen Unternehmen in der Regel durch die Geschäftsleitung oder einen Assistenten der Geschäftsleitung übernommen.

Als Nächstes folgt die Bildung einer Corporate Identity Arbeitsgruppe (Projektgruppe). Der Auftrag dieser Arbeitsgruppe ist die Einleitung, die Koordination und die Kontrolle der Erarbeitung und Implementierung der Corporate Identity. Dabei besteht die Arbeitsgruppe sinnvoller Weise aus mind. einem Vertreter der Geschäftsleitung, einem führenden Mitarbeiter und einem Moderator, welcher die Arbeit der Gruppe initiiert, zielführend unterstützt, koordiniert und kontrolliert. Er ist gleichzeitig Ansprechpartner und Berater für alle Fragen aus dem Unternehmen zur Corporate Identity Strategie.

Etwa 30% der Unternehmen beauftragen einen erfahrenen, externen Berater für die Rolle des Moderators in der CI-Arbeitsgruppe. Als unabhängiger Beobachter des Prozesses kann er lenkend die Bildung der Corporate Identity unterstützen, indem er zum Beispiel wichtige Aussagen und Meinungen aufgreift. Weiter hat ein erfahrener, externer Berater den Vorteil, dass er einen gewissen Druck auf die Unternehmensleitung hinsichtlich einer zügigen Abwicklung des Corporate Identity Prozesses ausüben kann.

Bildung einer Corporate Identity Arbeitsgruppe

Die Corporate Identity Arbeitsgruppe setzt sich – nach meinen Erfahrungen – idealtypisch aus folgenden Aufgabenträgern zusammen:

Unternehmensleitung:

Die Mitwirkung der Unternehmensleitung an der Corporate Identity Arbeitsgruppe ist wichtig. Sie definiert Selbstverständnis, generelle Leitlinien und Orientierungs-Maßstäbe. Des Weiteren verleiht sie dem Corporate Identity Programm durch ihre Mitwirkung den nötigen hierarchischen Nachdruck im Sinne einer Pull-Strategie. Schließlich ist durch die Einbindung der Unternehmens-Leitung auch gewährleistet, dass die Corporate Identity Arbeitsgruppe über alle notwendigen Informationen aus dem Unternehmen verfügt. Andererseits ist auch die kontinuierliche Information der Unternehmensleitung über den Fortschritt der Arbeitsgruppe gewährleistet.

Anmerkung: *Von einer Push-Strategie zur Implementierung der Corporate Identity rate ich auf Grund des hohen Risikos zu scheitern, ab!*

Mitarbeiter:

Den zweiten Teil der Corporate Identity Arbeitsgruppe bilden Mitarbeiterinnen und Mitarbeiter möglichst unterschiedlicher Unternehmensbereiche und verschiedener hierarchischer Ebenen, sodass die Belange der einzelnen Mitarbeitergruppen im Kontext der Corporate Identity Erarbeitung in ausreichendem Maße berücksichtigt werden. Wenn dies gelingt, so geht von Seiten der Mitarbeiter ein Pull-Effekt aus, der die Implementierung der Corporate Identity erheblich vereinfacht. Die Integration von Mitarbeitern trägt zudem dazu bei, dass die Unternehmensphilosophie problemnah und ausreichend bodenständig formuliert wird, damit sie von der gesamten Belegschaft nachvollzogen werden kann. Eine solche Verständlichkeit ist ein wichtiger Erfolgsfaktor, damit die Mitarbeiter sich in der Philosophie wiedererkennen. So wird die notwendige Identifikation erreicht, welche als Nährboden für ein ausgeprägtes „Wir - Gefühl" unverzichtbar ist.

Moderator:

Den dritten Teil der Corporate Identity Arbeitsgruppe bildet ein Moderator. Dieser hat die Aufgabe eines Initiators, Katalysators, Pushers, Konzeptionisten und Reflektors. Er begleitet den gesamten Prozess der Corporate Identity Implementierung. Seine zentrale Aufgabe ist die konzeptionelle Erarbeitung eines Corporate Identity Programms. Über kreative Impulse hinaus ist es seine Aufgabe, Soll-Bestandteile der Unternehmensphilosophie zu definieren und deren kritische Diskussion im Unternehmen sicherzustellen. Dazu muss er im Vorfeld die notwendige Problemsensibilisierung schaffen und notwendige Analyse- und Auswertungsschritte zur Informationsbeschaffung durchführen.

Anmerkung: *Ein externer Berater/Dienstleister hat bei der Analyse und Informationsbeschaffung einige Vorteile, die interne Mitarbeiter auf Grund der fehlenden kritischen Distanz bzw. aus Loyalitätsgründen nicht haben.*

Im Rahmen der Corporate Identity Implementierung hat der Moderator weiter auch die Rolle des Change-Agents, der die Integration der neu definierten Werthaltungen und Verhaltensmaximen in die tägliche Arbeit durch spezielle Veranstaltungen, wie z.B. durch Seminare oder Workshops, erreichen soll. Der Moderator hat weiterhin die Aufgabe, den gesamten Prozess als kritischer Reflektor zu begleiten, damit alle Unternehmensbereiche gleichermaßen Gehör und Integration in die Unternehmensphilosophie finden.

Die Corporate Identity Arbeitsgruppe tut gut daran, ihre Prozess-Arbeit wohlüberlegt und besonnen zu beginnen. Ein überhasteter Schnellstart führt meist nur dazu, dass rasch der Überblick verloren geht.

Die Arbeitsgruppe sollte sich daher vor Beginn ihrer Arbeit hinreichend über den Corporate Identity Prozess informieren, Prioritäten und Ziele abstimmen, Arbeitspläne und Dokumentationsmöglichkeiten beschließen. Im Allgemeinen gelten für die Corporate Identity Arbeitsgruppe dieselben Voraussetzungen und Empfehlungen wie für jede andere Art von Projektarbeit.

Schritt 2 – Analyse und Informationsbeschaffung

Inhalt des zweiten Schritts sind die Beschaffung und die entscheidungsorientierte Aufbereitung aller Corporate Identity relevanten internen und externen Informationen. Die Kernaufgabe der Formulierung einer Unternehmensphilosophie ist dabei die langfristige Sinnfindung für die Unternehmenspolitik. Deshalb hat sich die Corporate Identity Arbeitsgruppe zunächst damit zu befassen, auf welchen Grundlagen die Erarbeitung der Unternehmensphilosophie erfolgt und in welchem Kontext sich diese zukünftig bewähren muss. Die Formulierung der Unternehmensphilosophie ist im Kontext der folgenden drei, sich gegenseitig beeinflussenden Informations-Kategorien zu sehen.

    a) das Wertsystem der Führungskräfte
    b) das Unternehmen
    c) die Umwelt bzw. die Gesellschaft

Inhalte der Informationsbeschaffung sind im Einzelnen:

Status Quo Erfassung
Genaue Analyse der Stärken und Potenziale (Schwächen) des Unternehmens

Existierende Corporate Identity Fragmente
Wie eingangs schon einmal erwähnt, hat jedes existierende Unternehmen eine eigene Persönlichkeit. Es hat also bereits eigene Wertvorstellungen, eigene Ansichten und Normen. Diese Elemente werden als Corporate Identity Fragmente bezeichnet.

Im Rahmen der Informationsbeschaffung müssen auch solche Elemente Integration finden. Sie bilden zwar keine in sich konsistente Corporate Identity, sind aber Corporate Identity relevant (z.B. für die Unternehmenskultur), weil sie sich im Zuge der unternehmerischen Evolution gebildet haben. Diese Fragmente sind auch dahingehend wichtig, dass sie die Implementierung der Corporate Identity erleichtern. Sie geben der Vergangenheit und dem bisherigen Verhalten der Mitarbeiter und des Unternehmens im Allgemeinen einen Wert.

Analyse des Unternehmensumfeldes
Es ist das Image des Unternehmens bei Kunden, Lieferanten, Kapitalgebern, Journalisten, Politikern und nicht zuletzt in der allgemeinen Öffentlichkeit (inkl. potenzieller Mitarbeiter) zu betrachten.

Analyse innerhalb des Unternehmens
Innerhalb des Unternehmens sind möglichst unvoreingenommen die bestehende Unternehmenspolitik sowie eine eventuell vorhandene Unternehmensphilosophie zu erfassen. Auch die bestehende Leistungspalette ist im Hinblick auf ihre imagebildenden Faktoren zu betrachten. Ein besonderes Augenmerk sollte den Mitarbeitern gelten, denn sie stellen den entscheidenden imagebildenden Faktor des Unternehmens dar.

Zur Informationsbeschaffung gibt es eine Reihe bekannter und ebenso bewährter Instrumente. Hier möchte ich aber nur auf ein paar wenige, exemplarische Instrumente eingehen, da die Möglichkeiten der Informationsgewinnung hinreichend in der Marketingliteratur beschrieben sind (vgl. zum Beispiel: Meffert, Grundlagen marktorientierter Unternehmensführung, Kapitel 2 u.ff).

Kunden-Befragung
Es können Imagestudien durchgeführt werden, die insbesondere erfassen, welche Stärken und Potenziale das Unternehmen bzw. einzelne Produkte aufweisen (etwa hinsichtlich der Qualität, Erwartungshaltungen oder Kompetenz).

Befragung von Lieferanten
Erfassung des Images auf Seiten der Lieferanten. Dazu können dieselben Fragen, die im Rahmen der Kundenbefragung skizziert wurden, verwendet werden.

Gesellschaftsorientierte Informationsbeschaffung
Im Rahmen der gesellschaftsorientierten Informationsbeschaffung geht es primär nicht um das bestehende Image des Unternehmens, sondern vielmehr um die Erwartungshaltung bzw. Anspruchsniveau weiter Bevölkerungskreise an Unternehmen allgemein sowie speziell an das zu betrachtende Unternehmen.

Interne Informationsbeschaffung
In Rahmen der internen Informationsbeschaffung soll primär herausgefunden werden, wie die Mitarbeiter bzw. die Führungskräfte das Unternehmen sehen, welche Wünsche und Erwartungen diese haben.

Um die zu schaffende Corporate Identity auf ein solides Informationsfundament zu stellen, sollen möglichst alle Unternehmensmitglieder im Rahmen der internen Informationsbeschaffung berücksichtigt werden. Es sollen Profile erstellt werden, die Auskunft über „Soll" und „Ist" Situation sowie einen Vergleich zu Wettbewerbern geben. Weiter sind das unternehmensspezifische Auftreten, die Leistungspalette, die Kommunikationsaktivitäten und die internen prozessualen Abläufe des Unternehmens zu analysieren.

Zur internen Informationsbeschaffung können verschiedene Methoden angewandt werden. Am häufigsten finden folgende Methoden Anwendung:

- Fragebögen mit standardisierten Fragen
- Standardisierte Fragen über das unternehmensinterne Intranet
- Leitfadengestützte Interviews
- Polaritätenprofile

Die Vor- und Nachteile der verschiedenen Methoden sind, wie ich denke, bekannt. Daher möchte ich hier nicht weiter auf die grundsätzlichen Unterschiede zwischen Interviews und Fragebögen eingehen. Ich empfehle Ihnen eine Methode mit standardisierten Fragebögen zu benutzen; ob in Papierform oder elektronischer Form bleibt alleine Ihrem Geschmack überlassen. Daher gehe ich im Folgenden ausschließlich auf die Methode mit standardisierten Fragebögen ein.

Wichtig:
- Alle Befragungen, alle Äußerungen müssen anonym geschehen, damit ein ehrliches und unbeeinflusstes, reales Bild des Unternehmens entstehen kann. Die Befragten fühlen sich sonst genötigt, besonders positiv zu antworten oder das vorauszuahnen, was von Ihnen erwartet wird. Ich empfehle Ihnen daher eine Befragung der Mitarbeiter über das Intranet oder über klassische Fragebögen.
- Die Auswertung und Analyse der Befragungen sollte in einem möglichst breiten Rahmen geschehen.
- Die Ergebnisse sollten dann unternehmensintern veröffentlicht werden.

Der Umfang und die Anzahl der Befragungen ist in Abhängigkeit von Zeit und Budget zusehen. Die Genauigkeit sowie die Aussagekraft der Ergebnisse steigen allerdings mit der Anzahl der Befragungen. Daher sollten Sie die Anzahl der Befragungen von der individuellen Situation in Ihrem Unternehmen abhängig machen.

Basierend auf der erarbeiteten informatorischen Basis, werden im dritten Schritt die Corporate Identity Ziele gemeinsam formuliert und darauf aufbauend ein umfassendes Corporate Identity Konzept ausgearbeitet.

Informationen aus der Führungsebene

Innerhalb der Führungsebene soll die Informationsbeschaffung dazu dienen, die bestehende Unternehmenspolitik sowie eine eventuell vorhandene Unternehmensphilosophie zu erfassen. Stärken und mögliche Schwächen des Unternehmens sollen aus der Sicht der Unternehmensführung analysiert und später mit den Aussagen der Mitarbeiter verglichen werden.

Außerdem ist die Leistungspalette des Unternehmens im Hinblick auf ihre imagebildenden Faktoren zu betrachten.

Im Folgenden habe ich einen exemplarischen Fragenkatalog für die Führungsebene angeführt. Diesen können Sie verwenden, sollten ihn jedoch nach Ihren individuellen, unternehmensspezifischen Bedürfnissen anpassen und ergänzen. Ein erfahrener externer Berater kann Ihnen bei der Erarbeitung geeigneter Fragenkataloge sowie deren Analyse und Auswertung helfen.

Fragenkatalog für die Unternehmensführung/Geschäftsleitung

1. Worin, glauben Sie, liegt der Geist unseres Unternehmens?
2. Von welchen Grundsätzen lassen Sie sich in Ihrer täglichen Arbeit leiten?
3. Welche Eigenschaften haben unser Unternehmen in der Vergangenheit erfolgreich gemacht?
4. Wo stehen wir heute? Welche Eigenschaften machen unser Unternehmen heute erfolgreich?
5. Welche Eigenschaften schaden Ihrer Meinung nach dem Erfolg unseres Unternehmens?

6. Wo wollen wir hin, was wollen wir in den nächsten fünf Jahren gemeinsam erreichen?
7. Wie können wir unsere Ziele erreichen, welche Möglichkeiten haben wir?
8. Wie gehen Sie mit Mitarbeitern, Kunden und Partnern um und wie möchte Sie dies in Zukunft gestalten?
9. Was erwarten Sie von unseren Mitarbeitern?
10. Was tun Sie für unsere Mitarbeiter?
11. Welche Potenziale sehen Sie und wie würden Sie diese angehen, wenn Sie dies alleine ändern könnten?
12. Was symbolisiert am Besten die Leistungskraft und die Kompetenz unseres Hauses?
13. Welchen Herausforderungen müssen wir uns morgen, in fünf Jahren stellen?
14. Was tun wir heute, um den zukünftigen Herausforderungen gerecht zu werden?
15. Welche Position wollen wir gegenüber kritischen Äußerungen aus der Öffentlichkeit einnehmen?
16. Welchen Beitrag leistet unser Unternehmen für die Gesellschaft, welchen Beitrag sollte es in Zukunft leisten?

Informationen von den Mitarbeitern

Die Meinung und Stimmung der Mitarbeiter ist für den Erfolg der Corporate Identity Strategie ausschlaggebend. Die Befragung der Mitarbeiter soll daher ein möglichst exaktes Bild der Situation im Unternehmen liefern. Fest verankerte Werte und Mythen sollen als zentrale Elemente der Unternehmenskultur sichtbar gemacht werden. Darüber hinaus sind die von den Mitarbeitern formulierten Ziele des Unternehmens und die Kompetenzformulierung zu ermitteln. Weiter sind die von den Mitarbeitern genannten Stärken und Schwächen des eigenen Unternehmens besonders wichtig.

Im Folgenden habe ich wieder einen exemplarischen Fragenkatalog für die Mitarbeiterbefragung angeführt. Diesen können Sie ebenfalls verwenden, sollten ihn jedoch nach Ihren individuellen, unternehmensspezifischen Bedürfnissen anpassen und ergänzen. Auch hier kann Ihnen ein erfahrener externer Berater bei der Erarbeitung, Analyse und Auswertung helfen.

Leitfaden zur Mitarbeiterbefragung

Fragenkatalogs für Mitarbeiter:
1. Warum arbeiten Sie in unserem Unternehmen?
2. Würden Sie sich heute wieder für unser Unternehmen entscheiden? Wenn ja, warum?
3. Was ist Ihre Aufgabe in unserem Unternehmen?
4. Worin liegen Ihre Kompetenzen und wie bringen Sie dies zum Ausdruck?
5. Welches Ansehen hat unsere Unternehmen in der Öffentlichkeit?
6. Wie stellen wir uns in der Öffentlichkeit dar und wie sollten wir uns darstellen?
7. Welches Ansehen hat unser Unternehmen Ihrer Meinung nach bei den Mitarbeitern?
8. Gefällt Ihnen Ihre Arbeit, Ihr Arbeitsplatz?
9. Wo wollen wir hin, was wollen wir in den nächsten 3 Jahren gemeinsam erreichen?
10. Wie können wir es schaffen, welche Möglichkeiten sehen Sie?
11. Was ist das Kerngeschäft unseres Unternehmens?
12. Welche Potenziale/Möglichkeiten sind bisher noch unausgeschöpft?
13. Wie gewinnen wir neue Kunden, wer ist das (Zielgruppe)?
14. Was unterscheidet unser Unternehmen von unseren Wettbewerbern?
15. Wer sind unsere stärksten Wettbewerber?
16. Was machen Ihres Erachtens unsere Wettbewerber besser/schlechter als wir?
17. Worin zeigt sich der Geist unseres Hauses?
18. Was zeichnet unser Unternehmen aus?
19. Welches Symbol verdeutlicht am stärksten unsere Leistungskraft und unsere Kompetenz?
20. Welche Probleme sehen Sie und welche Möglichkeiten sehen Sie, diese zu überwinden?
21. Was erwarten wir von unserer Führung, unserer Geschäftsleitung in der Zukunft?

22. Was erwartet die Geschäftsleitung von uns?
23. Welche Herausforderungen stellen sich uns?
24. Von welchen Grundsätzen lassen wir uns bei unserer täglichen Arbeit leiten und von welchen Grundsätzen wollen wir uns leiten lassen?
25. Welche Ziele verfolgt unser Unternehmen und welche Ziele sollten wir verfolgen?
26. Welche Beiträge leistet unser Unternehmen für die Gesellschaft und welche sollten wir leisten?
27. Gibt es noch einen Punkt, den Sie ansprechen möchten?

Informationen von außen

Ein weiterer wichtiger Bereich sind die Informationen von außerhalb des Unternehmens. Hier stehen vor allem die eingangs genannten Gruppen: Kunden, Lieferanten, Gesellschaft im Fokus der Betrachtung. Das Image und die Bekanntheit des Unternehmens in diesen Gruppen, aber auch Wünsche, Ansprüche und Erwartungen hinsichtlich des zukünftigen Verhaltens des Unternehmens sollen analysiert werden.

Folgende Punkte sollen dabei beleuchtet werden:
- Wie bekannt ist das Unternehmen?
- Welche Informationen sind über das Unternehmen bekannt?
- Welche Gerüchte und Fehlinformationen gibt es über das Unternehmen?
- Welches Image hat das Unternehmen?
- Wie wird das Image des Unternehmens in Vergleich zum Wettbewerb gesehen?
- Wie wird das Unternehmen in Bezug auf Seriosität, Qualität, Verantwortung etc. beurteilt?
- Welche Wünsche bzw. Ansprüche gibt es gegenüber dem Unternehmen?
- Was erwartet man in Zukunft vom Unternehmen?
- Wie wird die Leistung des Unternehmens beurteilt?
- Wie wird die PR, Öffentlichkeitsarbeit, Werbung und Kommunikation des Unternehmens bewertet?
- Wodurch ist das Unternehmen bekannt geworden?
- Welche Wünsche werden in Bezug auf PR, Öffentlichkeitsarbeit, Werbung und Kommunikation des Unternehmens geäußert?
- Was sagen die Symbole des Unternehmens aus? Wofür stehen sie?
- Passen die Symbole (Logo etc.) zum Image des Unternehmens?

Im Rahmen der Informationsbeschaffung sollten alle für das individuelle Unternehmen wichtigen Gruppen (Kunden, Lieferanten, Kapitalgeber, Verbände, Gesellschaft etc.) befragt werden.

Der Umfang und die Anzahl der Befragungen sind auch für die unternehmensexterne Informationsbeschaffung in Abhängigkeit von Zeit und Budget zu sehen und sollten von der individuellen Situation in Ihrem Unternehmen abhängig gemacht werden.

Beispielhafte Auswertung der Befragungen mit einem Polaritätenprofil

Die gesammelten Daten müssen nun ausgewertet, analysiert und zueinander in Relation gebracht werden. Ein Polaritätenprofil, auch Wert- oder Einstellungsprofil genannt, ist eine gute Möglichkeit, die Informationen der Befragungen übersichtlich auszuwerten. Der Soll- und Ist-Zustand kann in einem solchen Profil zu Interpretationszwecken oder zur Relativierung leicht nebeneinander dargestellt werden. Auch können später Profile von Wettbewerbern aufgenommen werden, um diese mit dem eigenen Unternehmen zu vergleichen. Sinnvoll ist es, ähnlich wie in dem unten gezeigten Beispiel, die einzelnen Fragenkomplexe separat auszuwerten.

Aus dem hier gezeigten Beispiel kann man u.a. folgendes ableiten:
- Das Unternehmen steht seiner Konkurrenz in vielen Punkten nach.
- Das Unternehmen gilt als kompetenter Anbieter auf seinem Gebiet, der sich zudem durch Qualität und Know-how auszeichnet. Dies ist eine entscheiden-

de Stärke für die Branche, in der das Unternehmen tätig ist.

- Zuverlässigkeit, Flexibilität, Innovation, Technik und Neutralität werden dagegen gerügt und weichen stark vom Soll-Wert ab.

Daraus folgt:
- Das gewünschte Image des Unternehmens ist in den Bezugsgruppen nicht hinreichend verankert.
- Die Mitarbeiter identifizieren sich nicht genügend mit ihrem Unternehmen, was durch die schlechten Werte für Zuverlässigkeit, Ehrlichkeit und Erreichbarkeit erkennbar ist.
- Es wird eine stärkere Kundenorientierung gefordert.

Aber auch eine grundsätzliche Sortierung nach Stärken und Schwächen kann helfen, notwendigen Veränderungen und Erfolgspotenziale zu identifizieren.

Nun gilt es im nächsten Schritt, die Unterschiede zwischen dem gewünschten und dem gemessenen Image des Unternehmens mithilfe der Corporate Identity zu korrigieren.

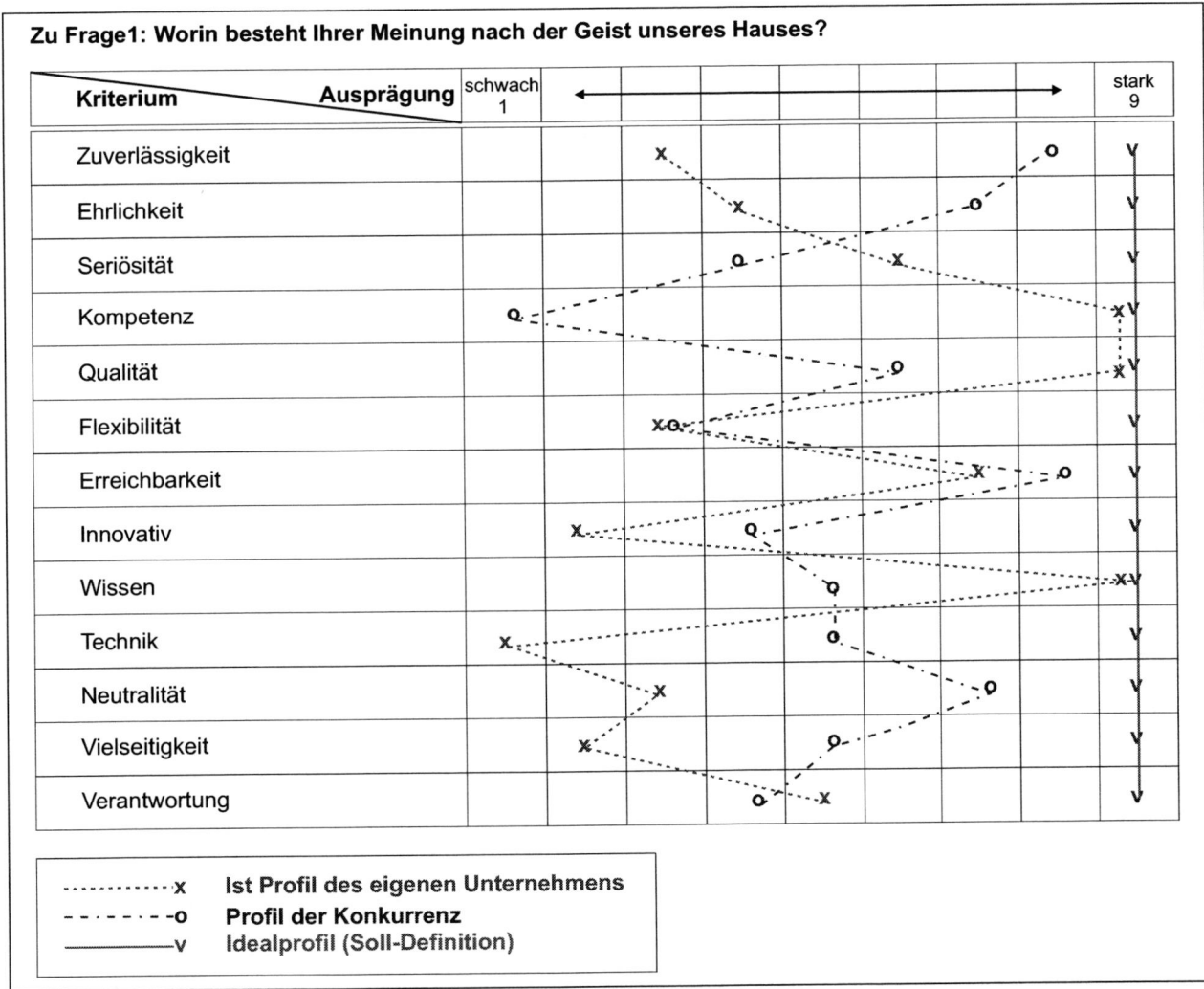

Abb. 12: Polaritätenprofil

Schritt 3 – Konzeptskizze

Nach Abschluss der Informationsbeschaffung und der Analyse folgt nun die Konzeptbildungsphase. In dieser Konzeptbildungsphase werden zunächst die im Schritt 1 anskizzierten Ziele mit den Ergebnissen der Informationsgewinnungsphase abgeglichen und gegebenenfalls angepasst, sodass die Corporate Identity Ziele eine breite Unterstützung im Unternehmen erfahren. So können eine hinreichende Operationalität der Ziele und eine tragfähige Basis für die Entwicklung einer Corporate Identity sichergestellt werden.

Die Corporate Identity Ziele werden dabei von der Corporate Identity Arbeitsgruppe anhand der gewonnenen Informationen und unter Berücksichtigung folgender Punkte definiert:

- Integration der Mitarbeiter durch Schaffung eines tragfähigen Identifikationspotenzials hinsichtlich des Unternehmens und der Produkte unter Berücksichtigung einer bereichsübergreifenden Gruppenidentität mit tragfähigem WIR-Gefühl
- Motivation der Mitarbeiter sowie Förderung der Leistungsbereitschaft durch führungspolitische Leitideen.
- Gewährleistung eines gleichförmigen, marktgerechten Auftretens durch Orientierung an gemeinsamen Verhaltensmustern und Zielsystemen.
- Bildung eines einheitlichen Images in allen Worten und Taten

Die durch die Corporate Identity Arbeitsgruppe erarbeiteten Corporate Identity Ziele sind mit der gesamten Unternehmensleitung und den wichtigsten Führungskräften **nochmals** abzustimmen. Dadurch bekommt das gesamte Corporate Identity Konzept den hierarchischen Stellenwert und Nachdruck, der für die Akzeptanz – qua Vorbildfunktion – unverzichtbar ist!

Im Anschluss an die Transformation der gesammelten Erkenntnisse in die Corporate Identity Ziele schließt sich mit der Konzeption der Corporate Identity die Kernaufgabe des Corporate Identity Prozesses an. Hier soll die Corporate Identity Arbeitsgruppe den Weg definieren, wie die Corporate Identity Ziele erreicht werden sollen. Dazu wird zunächst ein Anforderungsprofil als Soll-Konzept erarbeitet, welches die idealtypischen Ausprägungen von Werthaltungen, Merkmalen und Verhaltensweisen des Unternehmens zum Ausdruck bringt. Eine moderne Marketingorientierung (Menschlichkeit, soziale Verantwortung etc.) sollte dabei heute als verbindlicher Maßstab für diese Soll-Konzeption herangezogen werden. Als weitere Orientierungsgrößen können mögliche Stärken, Schwächen und Potenziale des Unternehmens herangezogen werden, um mit der Soll-Konzeption positiv auf diese Faktoren einzuwirken.

Nach der Definition des Soll-Konzepts ist dies mit dem Ist-Zustand, welcher aus der Informationsgewinnungsphase bekannt ist, kritisch zu vergleichen. Die möglicherweise starken Abweichungen zwischen Soll und Ist sollten Sie aber nicht resignieren lassen. Vielmehr soll dieser Vergleich als Trigger/Auslöser für eine tief greifende Reflektion bzw. Analyse gesehen werden. Es kann sogar sein, dass Sie die Phase der Informationsbeschaffung noch einmal durchlaufen müssen, um gezielter wichtige, bisher fehlende Informationen zu sammeln.

Grundsätzlich kann die Abweichung zwischen Soll und Ist zu verschiedenen Ergebnissen führen:

- **Zwischen Soll und Ist gibt es nur geringfügige Abweichungen.** In den wichtigen Punkten stimmen die Definitionen überein. In diesem Fall ist eine neue Corporate Identity nicht zu gestalten! Es ist ausreichend, durch entsprechende Maßnahmen (Schulungen, Informationsveranstaltungen, Mitarbeiterzeitung, Broschüren etc.) korrigierend auf die noch vorhandenen Abweichungen zu reagieren.

- **Zwischen Soll und Ist gibt es Abweichungen auf der Handlungsebene,** während auf der Grundeinstellungsebene eine Deckungsgleichheit herrscht. Auch hier ist eine Neu-Konzeption einer Corporate Identity nicht indiziert. Viel mehr gilt es, Systeme zu implementieren, welche diese Transferfunktion gewährleisten. (z.B. Veränderung der Organisations-, Führungsstruktur, der Personalpolitik, der Belohnungs- und Gehaltspolitik sowie Richtlinien zum Umgang mit Kunden, Lieferanten und der Gesellschaft).
- Gibt es **zwischen Soll und Ist Abweichungen auf der Grundeinstellungs- und auf der Handlungsebene,** so ist eine neue, tragfähige Corporate Identity zu erarbeiten. Dies gilt auch, wenn die im Unternehmen existierende Corporate Identity nicht für die aktuellen und zukünftigen Aufgaben des Unternehmens passend ist.

Entwicklung der individuellen Corporate Identity Strategie

Besteht die Notwendigkeit, ein Corporate Identity Konzept zu entwickeln, so sind zunächst als tragende Elemente einer Unternehmensphilosophie generelle und verbindliche Unternehmensgrundsätze zu formulieren.

Die Unternehmensgrundsätze beschreiben grob, was dem Unternehmen wichtig ist (Ziele, Werte, Einstellung, Richtlinien etc.). Die Unternehmensgrundsätze sind also die „Grobfassung", der Kern, das tragende Element der später zu formulierenden Unternehmensphilosophie und der daraus resultierenden Unternehmensleitlinien.

Bei der Formulierung der generellen und verbindlichen Unternehmensgrundsätze ist auf eine zu den Unternehmenszielen widerspruchsfreie Formulierung zu achten. Dabei empfehle ich, auch die Formulierung der Unternehmensgrundsätze in die Verantwortung der CI-Arbeitsgruppe zu legen. Eine von der Unternehmensleitung diktierte Formulierung würde den CI-Prozess nur unnötig in Gefahr bringen, da in diesem Fall mit Widerstand und ablehnendem Verhalten der Mitarbeiter gerechnet werden muss.

Forderungen an die Formulierung der Unternehmensgrundsätze:
- im Einklang zu Zielen, Werten und Normen des Unternehmens
- einfach, verständlich, nachvollziehbar
- kurz, prägnant
- für alle Interaktionsgruppen verständlich (Fremdwörter vermeiden bzw. erklären)
- konkret und anschaulich

Zur Orientierung und zum besseren Verständnis habe ich hier ein Beispiel für die Formulierung der Unternehmensgrundsätze hinzugefügt.

Exemplarische Unternehmensgrundsätze:

a) Wir sehen die Zukunft als Herausforderung und möchten Sie gemeinsam zum Wohl unserer Kunden und unseres Unternehmens gestalten.

b) Wir betrachten die Veränderungen am Markt als Chance und orientieren uns dabei an den Wünschen und Bedürfnissen unserer Kunden. Menschlichkeit, Fachkompetenz, Engagement, Flexibilität und Innovationskraft schaffen dabei langfristige Partnerschaften.

c) Wir bieten unseren Kunden stets die beste Beratung, die besten Dienstleistungen und Lösungen an. Dabei fordern wir von uns Perfektion, Qualität, Zuverlässigkeit, Verantwortlichkeit und Menschlichkeit in all unserem Handeln. Dafür verlangen wir ein angemessenes Honorar.

d) Die Begeisterung unserer Mitarbeiter, Harmonie und Freude an der Arbeit, eine vertrauensvolle Zusammenarbeit und unsere technischen und betriebswirtschaftlichen Kompetenzen sind die Basis für unseren Erfolg.

e) Wir fördern die persönliche Entwicklung, die persönlichen Kompetenzen und das Verantwortungsbewusstsein unserer Mitarbeiter und Kollegen.

f) Wir arbeiten in Teams und unterstützen die Kooperation und Kommunikation mit unseren Partnern. Dabei gestalten wir die Verbindungen zu unseren Partnern langfristig. Von ihnen erwarten wir wie von uns Perfektion, Qualität, Zuverlässigkeit, Verantwortlichkeit, Menschlichkeit und Innovation.

g) In der Öffentlichkeit treten wir zurückhaltend, zugleich aber offen und kompetent auf und informieren über unsere Werte, Ziele und Kompetenzen. Über Kunden und Projekte sprechen wir dagegen nie.

h) Der Erfolg, den wir erwirtschaften, sichert die Investitionen in unsere Zukunft und das Einlösen unserer Verpflichtungen gegenüber Mitarbeitern, Gesellschaftern, Partnern und der Öffentlichkeit.

Bitte sehen Sie diese Formulierung nur als Beispiel und nicht als Soll-Definition! Die Formulierung Ihrer eigenen Unternehmensgrundsätze **muss** den individuellen „Eigenheiten" Ihres Unternehmens Rechnung tragen!

Wie Sie im folgenden Kapitel im Vergleich der o.g. exemplarischen Unternehmensgrundsätze zu der exemplarischen Philosophie sehen werden, sind die Unternehmensgrundsätze der Kern der Unternehmensphilosophie. Daher sollten Sie die Unternehmensgrundsätze unbedingt **vor** der Unternehmensphilosophie formulieren. Durch ein solches Vorgehen ergeben sich außerdem für den CI-Prozess wichtige Synergie- und Trichtereffekte.

Sind die Unternehmensgrundsätze dann formuliert und **hinreichend** mit den Mitarbeitern und der Unternehmensleitung abgestimmt, kann im nächsten Schritt die Unternehmensphilosophie fixiert und formuliert werden.

Schritt 4 – Fixierung

In diesem Schritt werden die abgestimmten CI Ziele und die bereits abgestimmten und formulierten Unternehmensgrundsätze in die schriftliche Unternehmensphilosophie überführt. Darauf folgt dann später die Ableitung in die Unternehmensleitlinien.

Akzeptanz der Unternehmensphilosophie

Die Voraussetzung für eine erfolgreiche Implementierung einer Unternehmensphilosophie und damit für die Entstehung einer Gruppenidentität, ist die Bildung gemeinsamer Werte, Ziele und Vorstellungen. Dazu lassen sich folgende drei Grundprinzipien anführen:

Freiwilligkeit

Die Übernahme fremder Wertvorstellungen kann nur durch einen gemeinsamen Dialog aller Partner auf der Grundlage von selbstständigen Entscheidungen basieren. Es ist nach meinen Erfahrungen nicht möglich, den Mitarbeitern die Wertvorstellungen der Führungsebene bzw. der Geschäftsleitung aufzuzwingen. Dies führt in aller Regel zu einem Scheitern der CI-Strategie bereits im Anfangsstadium! Mitarbeiter werden eine von der Unternehmensleitung diktierte Wertvorstellung nicht akzeptieren und sie bewusst oder unbewusst missachten. Um diese negativen Effekte zu vermeiden, ist eine breite, freiwillige Mitwirkung der Mitarbeiter erforderlich. Nur auf freiwilliger Basis ist das angestrebte Vertrauen von Mitarbeitern, Umwelt und Gesellschaft als Teilziel der CI-Strategie zu erreichen; insofern sind auch Freiräume für mögliche „Vertrauensbrüche" in Betracht zu ziehen.

Authentizität

Damit die zu erstellende Unternehmensphilosophie nicht ausschließlich eine Außenwirkung hat, sondern auch unternehmensintern wirksam ist, müssen die tatsächlichen Bedürfnisse und Zielvorstellungen der Mitarbeiter in einem Dialog-Prozess definiert werden und in das Selbstverständnis des Unternehmens, also der Unternehmensphilosophie, zwingend Integration finden.

Sinnhaftigkeit

Kommunikative Maßnahmen, auch im Bezug auf die Unternehmensdarstellung, welche später aus der Unternehmensphilosophie abgeleitet werden, dürfen nicht nur unter formalen Gesichtspunkten gesehen werden, sondern müssen auch sinnhaftig sein; d.h. auf Sinn- und Warum- Fragen der Mitarbeiter bzw. der Umwelt müssen befriedigende Antworten gegeben werden können.

Um die gewünschte Wahrnehmung der CI zu erreichen, muss das Unternehmen in seinem Verhalten eine Einheit bilden. Die entscheidende Voraussetzung dafür ist ein Basiskonsens der Werte. Dieser ist in erster Linie bei den Führungskräften zu schaffen, denn unterscheiden sich deren Werte bezüglich der Sinnkomponente unternehmerischer Tätigkeit, so kann dies zu konfliktären Vorstellungen von Zielen und Strategien innerhalb der Unternehmenspolitik führen.

Aber auch die Wertstrukturen aller anderen Mitarbeiter des Unternehmens sollen sich auf den gefundenen Werte-Basiskonsens beziehen. Die Einstellung der Mitarbeiter und ihre eigenen Werte bestimmen schließlich im entscheidenden Maße darüber, in welcher Weise die Unternehmensphilosophie in die strategische, insbesondere aber in die operative Unternehmenspolitik einfließt oder einfließen kann.

Die Schaffung eines Wertekonsens innerhalb des Unternehmens stellt eine weitere zentrale Voraussetzung für eine erfolgreiche Implementierung einer CI-Strategie dar.

Formulierung der Unternehmensphilosophie

Leider werden oft bei der Erarbeitung und Formulierung der Unternehmensphilosophie Fehler gemacht, die im schlimmsten Fall zu Reaktanz-Effekten führen und den geforderten Basiskonsens der Werte im Unternehmen nicht entstehen lassen. Um diesem vorzubeugen und um den Erfolg des CI-Prozesses zu sichern, ist eine breite Mitwirkung der Mitarbeiter einerseits und eine schriftliche Dokumentation andererseits an dieser Stelle unbedingt erforderlich! Nur so wird die Unternehmensphilosophie zu einem echten Führungsinstrument.

Damit die Unternehmensphilosophie grundsätzlich und langfristig als echte Entscheidungsgrundlage gültig sein kann, sind lediglich allgemeine, aber sorgfältig ausgearbeitete grundsätzliche Vorgaben sinnvoll. Denn die Unternehmensphilosophie soll als eine Art Kompass bzw. Wegweiser für die Zielrichtung des Unternehmens dienen; den Rahmen für das gegenwärtige und das zukünftige Handeln des Unternehmens festlegen, ohne jedoch Maßnahmen und Mittel direkt explizit vorzugeben!

Weiter sollten Sie bei der Formulierung der Unternehmensphilosophie eine Reihe inhaltsorientierter Anforderungen beachten, um den positiven Wirkungsbereich der Unternehmensphilosophie voll auszuschöpfen.

Die Unternehmensphilosophie muss:
- Sie muss die allg. verbindlichen Werte, Normen, Ethik und die Verantwortung gegenüber den Mitarbeitern und der Gesellschaft definieren.
- Sie muss über die fundamentalen Ziele sowie über die Art und Weise, wie diese zu erreichen sind, informieren.
- Sie muss eine realisierbare Vision propagieren, welche Lösungsansätze in Bezug auf das gegenwärtige und zukünftige Handeln sowie in Bezug auf den Umgang mit Problemen aufzeigt.
- Sie muss definieren, wie das gewünschte Verhalten des Unternehmens und seiner Mitglieder zu den wichtigsten Bezugsgruppen (Kunden, Gesellschaft etc.) sein soll.
- Sie muss das interne Verhalten im Unternehmen gegenüber Mitarbeitern, Kollegen und Vorgesetzten definieren.
- Sie muss die spezifischen Kompetenzen und Fähigkeiten des Unternehmens aufzeigen.
- Sie muss darstellen, wie das Unternehmen Lösungen für Aufgaben und Probleme seiner Kunden findet.
- Sie muss Erfolgskriterien festlegen.

Neben diesen inhaltlichen Forderungen ist aber auch die Art und Weise der Formulierung für die Akzeptanz und damit für den Erfolg der Unternehmensphilosophie entscheidend. Schließlich sollen sich später alle Unternehmensmitglieder mit dieser Philosophie identifizieren können.

Folgende Anforderungen muss die Formulierung der Unternehmensphilosophie erfüllen:
- Sie muss zum Unternehmen, zum allg. Sprachgebrauch im Unternehmen passen; d.h. sie muss die Sprache des Unternehmens, die Sprache der Mitarbeiter verwenden.
- Sie muss für alle Bezugsgruppen (Mitarbeiter, Kunden, Interessenten u. Partner) nachvollziehbar und bodenständig formuliert sein.
- Fremdworte sollten, so weit wie möglich, vermieden (oder aber erklärt) werden.

Die Qualität einer Unternehmensphilosophie lässt sich daran messen, inwiefern diese sich nicht nur auf Allgemeinheiten, Plattitüden und schöne Worte beschränkt, sondern als echte Entscheidungshilfe und Führungsinstrument den Unternehmensalltag unterstützt und ein kollektives WIR-Bewusstsein schafft.

Um die oben genannten Forderungen noch besser zu verdeutlichen, habe ich im Folgenden eine exemplarische Unternehmensphilosophie angefügt, die diesen Ansprüchen besonders gut gerecht wird. Nehmen Sie bitte auch dieses Beispiel nur als Orientierungshilfe und nicht als Soll-Vorgabe!

Die Avinci Philosophie:
"Bei Avinci ist nicht alles neu, aber vieles besser. Das gilt nicht nur für die Art und Weise, wie wir bei unseren Klienten arbeiten, sondern vor allem auch, wie wir untereinander kommunizieren und agieren. Dabei sind wir stolz auf eine Unternehmenskultur, die es dem Einzelnen erlaubt, seine individuellen beruflichen Ambitionen im Team zu verwirklichen. Wir pflegen einen hoch professionellen, ehrlichen und vor allem kooperativen Stil. Damit dies aber keine graue Theorie bleibt, haben wir die Grundsätze des Miteinanders festgeschrieben, damit jeder weiß, was von ihm erwartet wird. Die drei Eckpfeiler sind: **Know-how, Membership** *und* **Friendship.**

Know-how:
Unter Know-how verstehen wir das fachliche Know-how in Verbindung mit Erfahrung und sozialer Kompetenz. Deshalb sehen wir unsere Hauptaufgabe auch im Aufbau, der Weitergabe und der Anwendung des gesamten verfügbaren Know-hows.

Um zu gewährleisten, dass jeder Einzelne über das nötige Know-how für seine Aufgabe verfügt, arbeiten wir in kleinen Teams, die sich auf einzelne Themen konzentrieren.

Darüber hinaus findet jeden Freitag ein Member-Day statt. Dabei berichten die einzelnen Teammitglieder von ihren Projekten, über die Herausforderungen und Lösungsmöglichkeiten.

Um diese Informationstransparenz jederzeit zu gewährleisten, haben wir die Mauern zwischen uns abgeschafft. In unseren Offices sieht man sich, kann aufeinander zugehen und nach den gewünschten Informationen fragen. Und sollte mal ein Kollege nicht weiterhelfen können, greift man auf das Knowledge-Management- Tool „Leonardo" zu. Übrigens: Da man dieses System auch über das Internet erreichen kann, muss man auch nicht ständig im Büro sein. Man kann seine Arbeit auch genauso gut von unterwegs oder vom Klienten aus machen, da man jederzeit und überall auf das nötige Know-how zugreifen kann.

Durch Fremdvergabe vieler interner Prozesse an Dritte stellen wir sicher, dass diese Prozesse zielgerichtet und effizient gehandhabt werden, keine unnötige Bürokratie entsteht und sich auch alle

Führungskräfte ganz auf Projekte und Klienten konzentrieren können.

Membership:
Member bei Avinci zu sein, heißt im wahrsten Sinne des Wortes zu teilen. Dafür steht auch unser Gehaltsmodell der „Success-Points". Ein ausgeklügeltes System von individuellen und teamorientierten Kriterien erlaubt eine klare Bemessungsgrundlage für den Erfolg. Der Consultant ist vom Team abhängig, das Team jedoch auch vom individuellen Know-how der Member: Die Symbiose von Team und Consultant dient dabei als Katalysator der Motivation!

Member von Avinci halten darüber hinaus Anteile am Unternehmen. Sei es an der Avinci AG, den lokalen GmbHs oder den „Think-Tanks". Das ist für ein noch nicht börsennotiertes Unternehmen etwas ganz Besonderes, denn so können unsere Member über ihr Gehalt und die Erfolgsbeteiligung hinaus beträchtliche Zuwächse erarbeiten.

Das beste Membership-Konzept ist jedoch nicht zielführend, wenn dieses nicht in eine genauso ausgeprägte Unternehmenskultur eingebettet ist. Erfolgswille, Leistungsbereitschaft und Wettbewerbsorientierung kennzeichnen unser Selbstverständnis genauso wie Teamgeist, Freundschaft und Partnerschaft. Unser Verständnis hierzu haben wir unter der Bezeichnung „Friendship" zusammengefasst.

Partnerschaftliche Zusammenarbeit zwischen starken Persönlichkeiten, das ist die Basis für unsere täglich zu spürende Win-Win-Situation: Zum Nutzen der Kunden und unserer Consultants.

Friendship:
Wir gestalten die Zusammenarbeit mit Kollegen und Klienten so angenehm, freundlich, fair und respektvoll, wie nur möglich. Hilfsbereitschaft wird groß geschrieben, Vertraulichkeit ist ein Muss und Fairness unser oberstes Prinzip.

Mit Dritten, und wenn möglich auch intern, sprechen wir über keinerlei Interna unserer Klienten, auch wenn sie noch so unbedeutend erscheinen. Unseren Geschäftspartnern und Klienten gegenüber sind wir absolut loyal. Dieser Loyalität ordnen wir auch eigene wirtschaftliche Interessen unter.

Auch wenn wir der ‚New Economy' zugehören, halten wir die klassischen Merkmale der Professionalität für unerlässlich. Pünktlichkeit und hohe Einsatzbereitschaft sind für uns genauso selbstverständlich, wie zielorientiertes und hochstrukturiertes Arbeiten. Unsere Seriosität zeigt sich unter anderem durch unseren Kleidungsstil. Unsere Klienten machen wir überdurchschnittlich erfolgreich.

Diese Grundsätze sind die Basis für ein kooperatives Miteinander zum Wohle aller. Nur wer sich mit diesen Grundsätzen voll und ganz identifizieren kann, wird bei Avinci Erfolg haben. Und davon nicht zu wenig ..."

Wenn Sie dann die Unternehmensphilosophie entsprechend ausgearbeitet und formuliert haben, ist es unbedingt wichtig, diese Formulierung noch einmal mit der gesamten Unternehmensleitung, den wichtigsten Führungskräften und den Vertretern der Mitarbeiter abzustimmen. Noch besser wäre natürlich (möglich je nach Unternehmensgröße) eine Abstimmung mit <u>allen</u> Unternehmensmitgliedern. Falls im Rahmen dieser Abstimmungs- und Diskussions-Phase Widerstände sichtbar werden sollten, ist es dringend anzuraten, die Formulierung zu überarbeiten und entsprechend anzupassen. Ggf. müssen Sie diese Abstimmungs- und Diskussions-Phase mehrfach wiederholen. Findet trotz erheblicher Widerstände keine Anpassung statt, wird sicher keine Corporate Identity im o.g. Sinn entstehen.

Formulierung der Unternehmens-Leitlinien

Wenn die Formulierung der Unternehmensphilosophie abgeschlossen ist und sie von allen Unternehmensmitgliedern akzeptiert worden ist, folgt deren konsistente Ableitung in die Unternehmens-Leitlinien. Dabei werden die in der Philosophie allgemein formulierten Ziele, Werte und Normen in verbindliche Handlungsanweisungen überführt.

Wichtig ist hier, ähnlich wie bei der Formulierung der Unternehmensgrundsätze, eine kurze und prägnante Form.

Forderungen an die Formulierung der Unternehmens-Leitlinien:
- widerspruchsfreie Ableitung der in der Philosophie dokumentierten Ziele, Werte und Normen des Unternehmens
- kurz, prägnant, einfach, verständlich, nachvollziehbar
- konkrete und anschauliche Handlungsanweisungen
- verbindliche Form der Formulierung
- Aussagen zum Verhalten gegenüber Mitarbeitern, Kunden und Interessenten treffen

Auch die Unternehmens-Leitlinien sind im Rahmen einer Abstimmungs- und Diskussions-Phase mit der gesamten Unternehmensleitung, den wichtigsten Führungskräften und den Vertretern der Mitarbeiter abzustimmen. Im Folgenden finden Sie wieder ein Beispiel für die Formulierung der Unternehmens-Leitlinien.

Die Avinci Leitlinien (ein Auszug):
Als Grundlage für unseren Erfolg und die Zufriedenheit unserer Kunden haben wir den Avinci Glossar (Unternehmens-Leitlinien) formuliert:

Avinci:	Avinci ist ein Synonym für absolute Spitzenleistung. Wir erbringen Spitzenleistungen, weit mehr als es die Pflicht erfordert. Wir geben mehr als erwartet. Wir streben nach höchster Qualität. Wir geben das Beste: in allem, in jeder Beziehung.
Beziehungen:	Emotionen im Sinne von positiven Beziehungen haben die Tendenz sich zu verschlechtern. D.h.: Wir müssen permanent in die Beziehungsebene investieren. Das gilt für unser Verhältnis zu unseren Klienten wie auch untereinander.
Coaching:	Wir pflegen bei Avinci als Führungs-Prinzip das Coaching. Coaching heißt fördern und entwickeln über konsequente Zielsetzung und Zielverfolgung. Wir helfen einander, erfolgreich zu sein und freuen uns über den gemeinsamen Erfolg.
Erfolg:	Erfolg ist uns wichtig, aber ... zum Erfolg gibt es keinen Lift. Man muss die Treppe benutzen. Schritt für Schritt, ohne sich an der Höhe zu berauschen. Die Kraft, auszuharren, ungeachtet aller Schwierigkeiten, – dies ist die Eigenschaft des Erfolgreichen. Wir werden erfolgreiche Projekte durchführen. Ein erfolgreiches Projekt macht unseren Kunden, den Ansprechpartner beim Kunden und unser Projektteam erfolgreich. Erfolg macht Spaß.
Klienten:	Der Dienst an unserem Klienten ist unsere einzige Daseinsberechtigung. Vergessen wir das nie. Ihm schulden wir neben einer exquisiten Leistung insbesondere Respekt und hohe Achtung.
Soziale Kompetenz:	Soziale Kompetenz ist die Fähigkeit des Einzelnen, sein Blickfeld zu erweitern, Interessenfelder anderer wahrzunehmen, Erfolg gleichzeitig auf drei Ebenen zu verwirklichen: der persönlichen, der unternehmerischen sowie auf der Ebene der gesellschaftlichen Allgemeinheit. Soziale Kompetenz ist auch die Fähigkeit, andere Menschen so anzunehmen, wie sie sind, sich in sie hineinversetzen zu können, Dinge mit ihren Augen zu sehen, die Fähigkeiten und Talente anderer zu erkennen und zu fördern. Es bedeutet, sich mit allen seinen Fähigkeiten einzubringen und mit anderen ein synergetisches Ganzes zu bilden.
Team:	Das Verhalten der Avinci-Member untereinander sowie das Verhalten der Member gegenüber Klienten und Partnern ist von Freundlichkeit und Hilfsbereitschaft geprägt. Somit ist in Avinci kein Platz für egoistische Einzelkämpfer, die nur eigene Interessen verfolgen. Teamgeist und Kameradschaft stehen an erster Stelle. Wir schätzen die Teamarbeit und erkennen die Gruppe als bessere, produktivere Einheit im Vergleich zum eigenen Kopf.

Ziele:	Wir leben mit Zielen. Der Zweck von Zielen ist es, unsere Aufmerksamkeit zu sammeln. Unser Verstand bzw. Geist wird uns erst unterstützen können, wenn er klare Vorgaben hat. Das Wunder beginnt, wenn wir Ziele festlegen. Dann wird etwas in Bewegung gesetzt, eine Energie beginnt zu fließen, die Kraft, etwas zu wollen, wird Wirklichkeit.
Zuhören:	Ein guter Consultant ist niemals arrogant. Er hört zu und stellt immer die Frage nach dem Nutzen für den Klienten. Avinci-Members sind gute Zuhörer. Sie ermuntern andere, von sich selbst zu sprechen. Sie sprechen von Dingen, die den anderen interessieren.

WICHTIG: Alle zukünftigen Aktionen, alles, was das Unternehmen in Zukunft sagt oder macht, muss den allgemein verbindlichen Richtlinien der Philosophie u. der Leitlinien entsprechen und darf nicht im Widerspruch zu diesen stehen, damit das Unternehmen nicht in die Gefahr gerät, unglaubwürdig zu werden!

Daher ist es meines Erachtens besonders sinnvoll, ausgehend von dem CI-Konzept, der Unternehmensphilosophie und den Unternehmensleitlinien Unter-Konzepte zu den wichtigsten Bereichen (z.B.: Qualitätskonzept, Servicekonzept, Beschwerdekonzept, Kommunikationskonzept, Erlebniskonzept, Zeitkonzept, Preiskonzept, Mitarbeiter-Beteiligungskonzept etc.) konsistent abzuleiten.

Denn gerade diese Bereiche verbinden die in der CI-Strategie formulierten Ziele, Werte und Normen mit dem Alltag des Unternehmens. Sie machen die Corporate Identity erlebbar. Stimmt das Verhalten des Unternehmens z.B. in Bezug auf Beschwerden nicht mit den in der Unternehmensphilosophie und den Unternehmensleitlinien festgeschrienen Verhaltensrichtlinien überein, wird das CI-Konzept und damit das Unternehmen an sich unglaubwürdig.

Sie tun also gut daran, sich bereits im Rahmen der CI-Entwicklung über deren Auswirkung in Bezug auf o.g. Bereiche Gedanken zu machen und entsprechende, verbindliche Unter-Konzepte zu entwickeln. Es gibt eine Reihe guter Bücher zu den einzelnen Themen (s. Literatur-Empfehlungen), welche Ihnen bei der Entwicklung der Unter-Konzepte helfen können. Jedoch sollten Sie jeweils darauf achten, dass diese Konzepte nicht im Widerspruch zu Ihrer formulierten Corporate Identity stehen.

Entwicklung eines Corporate Identity Handbuchs

Damit die Unternehmensphilosophie und die Unternehmensleitlinien ihre Orientierungsfunktion auch tatsächlich erfüllen können, müssen sie (in ihrer endgültigen Fassung) sowohl für Mitarbeiter als auch für die Interaktionspartner und später für die allgemeine Öffentlichkeit zugänglich gemacht werden (z.B. Veröffentlichung im Internet). Nur hierdurch besteht die Möglichkeit, dass die einzelnen Mitarbeiter sowie die Leitung des Unternehmens an den selbst gesetzten Maßstäben gemessen werden können (Abstimmung mit einem Konzept zur Öffentlichkeitsarbeit erforderlich).

Eine gute Möglichkeit zur unternehmensinternen Dokumentation der CI Gedanken bietet die Entwicklung eines CI-Handbuchs. Das CI-Handbuch ist die schriftliche Dokumentation der gesamten Corporate Identity. Es beinhaltet alle CI relevanten Ziele, Werte, Normen und Verhaltensrichtlinien. Es dokumentiert die gesamte Unternehmenspersönlichkeit, inkl. Kultur, Historie, Philosophie, Leitlinien, Corporate Communikation, Corporate Behavior und Corporate Design sowie die Arbeitsmethoden des Unternehmens. Es ist also eine Art „CODE OF CONDUCT" für das Unternehmen. Dieses Handbuch hilft Ihren Mitarbeitern, Ihr Unternehmen noch besser zu verstehen. Es macht deutlich, was das Unternehmen alles erreichen will - auf der Grundlage des bereits Erreichten. Es erklärt nicht nur die zentralen Werte, Ziel und Normen des Unternehmens, sondern auch, warum diese für den gemeinsamen Erfolg so wichtig sind. Dieses Handbuch beschreibt also den Weg zum Erfolg, zu den Visionen, zu einer aktiven Zusammenarbeit, zu guter Teamarbeit und zu exzellenter Führung.

Bekannter als das CI-Handbuch ist das sog. CD-Handbuch (Corporate Design Handbuch), welches, meinem CI-Verständnis folgend, Teil eines CI-Handbuchs ist/sein sollte. Das CD-Handbuch dokumentiert im Gegensatz zum CI-Handbuch ausschließlich die grafischen, visuellen Elemente der Unternehmenspersönlichkeit.

Die Entwicklung eines CI-Handbuchs hat viele Vorteile. Es bietet den Mitarbeitern und den Führungskräften z.B. die Möglichkeit, in konkreten Entscheidungssituationen mithilfe der im CI-Handbuch dokumentierten, gemeinsam definierten Ziele und Vorgaben besser und schneller reagieren zu können. Auch können viele Fragestellungen der täglichen Arbeit unkompliziert und schnell beantwortet werden, z.B. wenn es um Preisgestaltung, den Umgang mit Beschwerden oder einfach nur um die richtige Schriftart in der Unternehmenskorrespondenz geht.

Viele Unternehmen nutzen daher auch ein CI-Handbuch, um neue Mitarbeiter schneller und besser in das Unternehmen integrieren zu können.

Folgende Inhalte sollte ein optimales CI-Handbuch enthalten:

- **Einführung**; Warum CI Handbuch?; Was ist Corporate Identity?
- **Das Unternehmen**; Unsere Philosophie; Geschäftszweck; Geschichte; Wir sind ein starkes Team; Produkt- u. Leistungsprogramm; Dienst- u. Leistungskonzept; Sicherheit; Gesellschaftliche Verantwortung
- **Das Erscheinungsbild**; Was ist Corporate Design?; Logo; Satzspiegel; Umgang mit Firmenfarben; Hausschriften; Geschäftsausstattung; Kleidung; Externe Kommunikation; Beispiele
- **Das Verhalten**; Was ist Corporate Behavior?; Wir zeigen uns von unserer besten Seite; Internes Verhalten; Externes Verhalten; Beispiele
- **Die Kommunikation**; Was ist Corporate Communication?; Wir sprechen mit einer Stimme; Was wir sagen und wie wir es sagen; Interne Kommunikation; Externe Kommunikation; Beispiele
- **Zukunftsorientierung**; Was ist CI Controlling?
- **Individuelle Stellenbeschreibung**; Funktion; Aufgaben; Kompetenz; Befugnisse; evtl. Teambeschreibung; Ansprechpartner; Feedback-Partner

Es ist völlig egal, wie Ihr eigenes CI-Handbuch aussieht; ob Sie sich für eine gedruckte Version in Ringbuchordnern oder für eine elektronische Form im Intranet entscheiden. Wichtig ist nur, dass das CI-Handbuch und seine Inhalte jedem Unternehmensmitglied jederzeit zugänglich sind. Nur so kann das CI-Handbuch als Führungsinstrument und konkrete Entscheidungshilfe seine Wirkung voll entfalten.

Schritt 5 – Überführung in die das Leben

Der fünfte Schritt dient der Implementierung der Corporate Identity, ihrer Überführung in den Alltag des Unternehmens.

Präsentation und Diskussion

Zunächst werden die „neue" Unternehmensphilosophie und die „neuen" Leitlinien im Kreise aller Mitarbeiter präsentiert und diskutiert. In dieser Veranstaltung muss durch Präsenz und Engagement der Unternehmensführung nochmals unterstrichen werden, dass die Unternehmensleitung voll hinter dem präsentierten Konzept steht. Wichtig ist auch, dass sich das Engagement der Unternehmensleitung und der Führungskräfte nicht auf diese Veranstaltung beschränkt, sondern vielmehr Inhalt des täglichen Verhaltens im Sinne der **Vorbildfunktion** wird.

Kick-off Veranstaltung

Die Kick-off Veranstaltung (öffentliche Präsentation) stellt die neuen Orientierungsgrößen sowie das veränderte Erscheinungsbild erstmals der Öffentlichkeit vor. Diese Veranstaltung dient zur Kommunikation der neu definierten Werte in der Öffentlichkeit. Sie bietet hinreichend Raum, mit den Mitarbeitern, Kunden, Lieferanten und der allgemeinen Öffentlichkeit die erreichten Ziele zu feiern. Auf Grund der Wichtigkeit der Kick-off Veranstaltung für das Unternehmen, ist diese hinreichend konzeptionell vorzubereiten.

Den Abschluss dieses fünften Schritts, aber auch gleichzeitig sein prozessbegleitendes kritisches Korrektiv findet diese Phase in der Installation eines Corporate Identity Controllings. Der begleitende Moderator/externe Berater sollte das Unternehmen so weit wie möglich bei der Implementierung des Corporate Identity Konzeptes im Unternehmen unterstützen und die Implementierung kontrollierend begleiten. Zeitgleich wird mit Hilfestellung des Moderators/externen Beraters ein Team für das Corporate Identity Controlling gebildet. Die Aufgaben dieses Teams werde ich im Folgenden noch genau erklären.

Taktische und Operative Integration
Die Überführung der neuen Orientierungsgrößen in die taktischen, operativen Abläufe ist zeitintensiv.
Die **Corporate Identity Arbeitsgruppe** hat in dieser Phase die Aufgabe, **Ziele zu definieren**, anhand derer gemessen werden kann, inwiefern die Mitarbeiter die neuen Leitlinien und Verhaltensgrundsätze in ihrem Verhalten tatsächlich steuernd zugrunde gelegt haben.

In dieser Phase sind auch die neuen Gestaltungsrichtlinien für die Kommunikation sowie für das optische Erscheinungsbild des Unternehmens konsequent in die tägliche Arbeit der einzelnen Abteilungen zu integrieren.

Auswirkungen des Corporate Identity Prozesses
Die Corporate Identity Strategie wirkt sich nicht nur positiv auf das Unternehmen aus, sondern auch auf sein direktes oder indirektes Umfeld. Auf den folgenden Seiten habe ich die wichtigsten Auswirkungen einer Corporate Identity Strategie kurz anskizziert.

9. Auswirkungen des Corporate Identity Prozesses

... auf das Verhältnis zwischen Unternehmen und Gesellschaft

Kann ein Unternehmen ein Bürger sein, wie dies der Begriff Corporate Citizen nahe legt? Wir sind der Meinung, ein Unternehmen muss sich nicht nur als ein Teil der Gesellschaft begreifen, sondern auch danach denken und handeln, um die gesellschaftliche Entwicklung aktiv mitzugestalten, zuzuhören und zu lernen.

„Die engagierte Übernahme gesellschaftlicher Verantwortung führt zu einem Ansehen, das dem Unternehmen einen ungeahnten Wettbewerbsvorteil einträgt." (Matthias Kleinert, Leiter Politik und Außenbeziehungen, Daimler-Chrysler AG / Absatzwirtschaft 10-2003)

Unternehmen werden heute, viel stärker als noch vor einigen Jahren, als ein Teil der Gesellschaft wahrgenommen. Jedes Unternehmen, unabhängig von seiner Größe, Art und Bekanntheit, nimmt direkt oder indirekt Einfluss auf sein Umfeld, die Menschen, die Gesellschaft. Auf der anderen Seite nehmen die Gesellschaft und die Verbraucher Einfluss auf das Unternehmen. Zunehmend ist auch zu beobachten, dass sich Verbraucher, Kunden wie auch Mitarbeiter immer stärker mit den Unternehmen, welche hinter den Produkten stehen, auseinander setzen. Sie interessieren sich nicht mehr ausschließlich für die Produkte, sondern verstärkt für die sozialen, ökonomischen und ökologischen Ziele des Unternehmens. Dies lässt sich nicht nur anhand der stetig steigenden Zahl kritischer Interessensgruppen und öffentlicher Diskussionen feststellen, sondern kann sich auch anhand der zahllosen Einzelmeinungen, wie Leserbriefe etc., belegt werden.

Diese Interessensbekundungen sollten, so weit möglich, zu einem kontinuierlichen Gedanken- und Meinungsaustausch zwischen Unternehmen und Gesellschaft führen. Denn gerade dieser Gedankenaustausch ist für ein Unternehmen ein wesentlicher Faktor, um seine eigenen Werte und Ziele selbstkritisch mit dem Standpunkt der Gesellschaft, seiner potenziellen Kunden, abzugleichen. Nur so können tragfähige Konsenslösungen für den zukünftigen Unternehmenserfolg geschaffen werden, welche den Wünschen und Ansprüchen der Gesellschaft, der potenziellen Kunden, gerecht werden.

Es ist daher nicht das Unternehmen gegenüber der Gesellschaft zu sehen, sondern eher das Unternehmen in der Gesellschaft; als ein Teil von ihr. Diese Gedanken weiter verfolgend, kommt man zu der Einsicht, dass nicht die Frage nach dem, was die Gesellschaft für den Erfolg der Unternehmen tun kann, sondern vielmehr nach dem, was das einzelne Unternehmen für den Erfolg der Gesellschaft tun kann, gestellt werden muss.

Erfolg kann weder in einem Unternehmen noch in einer Gesellschaft aus der Führungsetage bzw. der Regierung diktiert werden. Erfolg kann nur durch die Arbeit, das Wissen und den Fleiß der Menschen generiert werden, die die Produkte oder Dienstleistungen produzieren, erbringen oder kaufen (unter der Voraussetzung, dass die Unternehmensleitung bzw. die Regierung die passenden hinreichenden und notwendigen Voraussetzungen geschaffen hat).

Die Corporate Identity Strategie ist in der Lage, diesen Anforderungen gerecht zu werden. Daher sehe ich die Corporate Identity Strategie als gute Möglichkeit, das Verhältnis zwischen Unternehmen und Gesellschaft zu verbessern.

... auf Organisation und Führungsstrukturen

Der Führungsstil im Unternehmen entscheidet über die Arbeitsmoral, die Leistungsbereitschaft und die Identifikation der Mitarbeiter. Mitarbeiter, die sich durch das Vorgesetztenverhalten und dessen Führungsstil positiv angesprochen fühlen, gehen sorgsamer mit Betriebsmitteln um, produzieren mehr, provozieren weniger Fehler, arbeiten selbstständiger mit, machen mehr Verbesserungsvorschläge, sorgen mehr für Ordnung und Sauberkeit, achten auf niedrige Ausschussquoten und lernen leichter und lieber.

Die Corporate Identity vermag ein Umfeld zu schaffen, welches Führungsstile erzeugt, die auf der Führungspersönlichkeit und einer Hierarchie im Sinne des Vernetzens aufbauen. Der Manager ist dabei das Zentrum der vernetzten Struktur. Um ihn gruppiert sich das Netzwerk, welches aus den einzelnen Mitarbeitern besteht. Die Gruppe der Mitarbeiter trägt die Verantwortung und der Manager ist der geistige Vater. Damit dieses offene Management erfolgreich funktionieren kann, ist es notwendig, dass ein offener Dialog mit allen Mitarbeitern, quer durch alle Bereiche des Unternehmens, möglich ist; damit stets der Mitarbeiter, der ein Potenzial erkannt hat, mit genau dem Mitarbeiter, der dafür zuständig ist, direkt kommunizieren kann. Die dazwischen sitzenden Führungskräfte sollten dabei zwar entsprechend informiert werden, aber nicht in den Prozess eingreifen, sofern er den grundlegenden Unternehmenszielen und -werten nicht widerspricht. Den Führungskräften kommt also hier eine kontrollierende, Konsistenz prüfende Aufgabe zu. So ist es möglich, sehr schnell und effektiv auf Marktbewegungen, Kundenwünsche etc. zu reagieren.

Da es in großen Unternehmen nicht möglich ist, diese vernetzte Struktur mit nur einer Person in der Mitte aufzubauen, ist es notwendig, mehrere Netzwerke miteinander zu verbinden.

Um trotzdem den kommunikativen Kontakt zu allen Mitarbeitern nicht zu verlieren, bietet sich folgende Lösung an, die in der Düsseldorfer Esprit-Corporation entwickelt wurde - der „five-fifteen-report". Am fünften Tag der Woche bringen die Mitarbeiter in 15 Minuten zu Papier, was in der vergangenen Woche abgelaufen ist. Die Abteilungsleiter melden die Ergebnisse dann der Firmenleitung. Diese Reports sind dabei nicht als Kontrollinstrument zu verstehen, sondern vielmehr als Erfahrungsaustausch der Mitarbeiter untereinander und als deren Selbstdarstellung. Auch wird mithilfe dieser Berichte eine Rückmeldung über die Zielerreichung an alle Mitarbeiter möglich.

... auf die Kundenzufriedenheit und den betriebswirtschaftlichen Erfolg

Der Einfluss der Mitarbeiterzufriedenheit auf das Mitarbeiterverhalten ist zweifellos durch verschie-denste Forschungsarbeiten belegbar, aber auch durch eigene Erfahrungen sofort nachvollziehbar. Teilt man das Verhalten der Mitarbeiter in die zwei wichtigsten Faktoren (nämlich Arbeitsleistung und Mitarbeiterfluktuation) auf, so kann man, bezogen auf die Arbeitsleistung, davon ausgehen, dass es einen positiven Zusammenhang zwischen der Zufriedenheit von Mitarbeitern in einem Unternehmen und deren erbrachte Leistungen gibt. Ebenso gibt es einen negativen Zusammenhang zwischen der Unzufriedenheit der Mitarbeiter und deren Wunsch, das Unternehmen zu verlassen. Vereinfacht kann man sagen, je höher die Mitarbeiterzufriedenheit ist, um so mehr Leistung wird von den einzelnen Mitarbeitern erbracht und um so geringer ist die Mitarbeiterfluktuation.

Weiter ist ein Zusammenhang zwischen dem Mitarbeiterverhalten und der allg. Kundenzufriedenheit des Unternehmens offensichtlich. Ein freundliches, zuvorkommendes, fachlich versiertes Verhalten der Mitarbeiter, welches als qualitatives Merkmal für die Arbeitsleistung zu sehen ist, wird sicherlich ohne Zweifel einen positiven Einfluss auf die Kundenzufriedenheit haben. Das Gleiche gilt im umgekehrten Fall für ein negatives Mitarbeiterverhalten, welches sich ebenso negativ auf die Kundenzufriedenheit auswirkt. Das Mitarbeiterverhalten steht also in einer wechselseitigen kausalen Beziehung zur Kundenzufriedenheit.

Die Zufriedenheit der Mitarbeiter wiederum wird durch folgende Faktoren bestimmt: Arbeitsklima, Arbeitsbedingungen, Arbeitskollegen, Arbeitsinhalte, Aufstiegsmöglichkeiten, Bezahlung und das Verhalten der Vorgesetzten.

Besonders dem Faktor Bezahlung wurde in der Vergangenheit eine zu große Gewichtung beigemessen. Immer weniger Arbeitnehmer lassen sich durch monetäre Anreize wie Geld oder Status locken, dauerhaft mehr Leistung zu erbringen. Viel wichtiger sind für sie Atmosphäre, offener und ehrlicher Umgang sowie Spaß bei der Arbeit. Viele Unternehmen und Führungskräfte ignorieren diese psychologischen Erkenntnisse jedoch und setzen immer noch auf Geld- oder Sachprämien auf der einen beziehungsweise auf Lohnkürzungen auf der anderen Seite. Diese Maßnahmen sind nicht nur bezogen auf den einzelnen Mitarbeiter ungeeignet eine dauerhafte Verhaltensänderung herbei zu führen, sondern untergraben auch die Teamarbeit, die kollektive Zufriedenheit der Mitarbeiter im Unternehmen. Spaß bei der Arbeit wird in solchen Unternehmen wohl nur als gemeinsam empfundene Schadensfreude über das Verhalten der Unternehmensleitung entstehen.

Es gilt daher für die Zukunft, mithilfe der Corporate Identity Strategie gruppenorientierte Anreiz- und Belohnungssysteme zu entwickeln, welche mit den Instrumenten und Mitteln der Corporate Identity einen positiven Effekt auf die generelle Mitarbeiterzufriedenheit im Unternehmen, damit auf die Kundenzufriedenheit, und schließlich auf den Unternehmenserfolg haben.

... auf den Krankenstand im Unternehmen

Trotz des momentanen zumindest rein statistisch niedrigen Krankenstandes bleibt die Diskussion über das innerbetriebliche Gesundheitswesen aktuell und diskussionswürdig. Ein niedriger Kran-kenstand alleine sagt nämlich noch nichts über das Wohlbefinden und die Motivation der Mitarbeiter aus.

Auch ist davon auszugehen, dass die geringe Zahl der Krankmeldungen auf der Angst der Arbeitnehmer beruht, die in Zeiten hoher Arbeitslosigkeit fürchten, ihren Job zu verlieren.

Das Unternehmen, das auf Krankmeldungen mit streng disziplinarischen Aktionen reagiert, wird auf Dauer keinen Erfolg haben. Diese Aktionen werden nur Angst und Misstrauen sähen und die Situation weiter verschlechtern. Ein Mitarbeiter, welcher aus Angst eine ansteckende Grippe verschweigt, stellt ein viel größeres und oft unterschätztes Produktivitätsrisiko dar, als ein vorschnell eingereichter Krankenschein.

Ist ein Mitarbeiter krank, aber nicht so krank, dass er nicht arbeiten könnte, entscheiden folgende Fragen darüber, ob er sich für den Krankenschein entscheidet oder nicht:

- Erfüllt die Arbeit meine persönlichen Erwartungen?
- Wie ist mein Verhältnis zu Vorgesetzten und Kollegen?
- Wie ist das Betriebsklima?
- Werde ich wirklich gebraucht oder merkt es sowieso niemand, ob ich da bin oder nicht?
- Haben Vorgesetzte Verständnis für meine Situation?

Werden diese Fragen überwiegend positiv beantwortet, wird sich der Mitarbeiter sicherlich trotz seiner Krankheit entschließen, arbeiten zu gehen. Es ist dann die Aufgabe kompetenter Führungskräfte, diese Situation zu erkennen und entsprechende Maßnahmen (z.B. die Zuweisung einer leichteren Tätigkeit, die Reduzierung der Arbeitszeit für den Zeitraum der Krankheit oder auch die Anweisung, die Krankheit zu Hause auszukurieren) im Dialog mit dem Mitarbeiter einzuleiten. (vgl. CallCenter 4/2003 S.46 ff)

Besonders im mittleren Management, jenem Bereich, in dem die Führungskräfte sowohl nach unten wie auch nach oben Verantwortung tragen, scheint dem Thema Gesundheit, Wohlbefinden und Vorsorge besonders wenig Bedeutung zugemessen zu werden. Wie das Karlsruher Institut für Arbeitsmedizin und Sozialhygiene belegt, ignorieren Führungskräfte der mittleren Ebene beharrlich Vorsorge und Heilmöglichkeiten. Der dann irgendwann folgende und bereits vorprogrammierte Totalausfall dieser wichtigen Arbeits- und Führungskräfte ist für das Unternehmen weit schlimmer als die kurzen Fehlzeiten, die durch entsprechende ärztliche Untersuchungen entstehen.

Die Diskussion um den Krankenstand, um die gesundheitlichen Fehlzeiten der Arbeitnehmer, läuft meines Erachtens in eine völlig falsche Richtung. Die Fehlzeiten der Mitarbeiter im Unternehmen an sich sind nicht das Problem, das es zu korrigieren gilt. Vielmehr sind die Fehlzeiten nur das Symptom für ein schlechtes Betriebsklima, für das Unwohlbefinden der Mitarbeiter und die fehlende Identifikation mit den Normen, Werten und Zielen des Unternehmens – ERGO für eine fehlende oder nicht funktionsfähige Corporate Identity! Das Wohlbefinden und damit die Gesundheit der Mitarbeiter steht in einer direkten Abhängigkeit zur Organisation und dem Führungsverhalten im Unternehmen.

Zurzeit ist der Krankenstand zwar noch gering, doch bei nachlassender Rezession wird auch der Krankenstand und damit die Mitarbeiterfluktuation wieder ansteigen. Die Unternehmen, die verhindern möchten, dass ihnen gute und qualifizierte Mitarbeiter weglaufen, sind besonders jetzt aufgefordert zu handeln. Langfristig wird es sich lohnen, in Maßnahmen für ein positives Betriebs-klima, für das betriebliche Gesundheitsmanagement zu investieren, um die Arbeitskraft der Mitarbeiter zu erhalten und um sie an das Unternehmen zu binden. Ein Obstkorb oder ein einmaliger Gesundheitstag sind allerdings keine geeigneten Maßnahmen. Die Lösung dieses Problembereiches ist langfristiger und schwieriger. Es muss gelingen, ein derart positives Betriebsklima zu schaffen, in dem sich die Mitarbeiter wohlfühlen, sich verstanden, gefordert, gefördert und verantwortlich fühlen. Um dies zu erreichen, sind besonders die Maßnahmen des strategischen Marketings/Corporate Identity Prozesses geeignet. Wenn es gelingt, mit den Werkzeugen des strategischen Marketings, der Corporate Identity ein Unternehmen aufzubauen/umzubauen, welches die seelischen und psychosozialen Potenziale seiner Mitarbeiter erschließt, dann wird die Fehlzeitendiskussion nicht mehr wichtig sein. Gleichzeitig wird man die Produktivität und die Kooperationsbereitschaft steigern können und das Wohlbefinden und die Gesundheit der Mitarbeiter stärken können.

Konkret bedeutet dies:
- Die Mitarbeiter durch die Kommunikation der Unternehmensvision über die Ziele des Unternehmens informieren und darüber, welche Bedeutung ihre Tätigkeit für das Erreichen des gemeinsamen Ziels hat.
- Schaffung von gemeinsamen Werten, Normen und Teil-Zielen und deren schriftliche Fixierung zur Erzeugung einer Gemeinschaft, die dieselbe „Sprache" spricht.
- Schaffung eines gesunden Betriebsklimas, in dem berufliche u. private Probleme nicht nur Gehör finden, sondern in dem auch kollektiv über Lösungen nachgedacht wird.
- Ein Führungsverhalten, welches die Verantwortung für die Mitarbeiter wiederspiegelt; verständnisvoll, fördernd, aber auch fordernd.
- Rückmeldung an alle Mitarbeiter über die Zielerreichung; Lob oder Tadel.

- Führungskräfte müssen neben dem Erfolg des Unternehmens auch an das psychische und physische Wohl der Mitarbeiter denken. Übermotivierte kranke Mitarbeiter müssen sich erholen können, damit kein Totalausfall führ mehrere Wochen droht.

... auf die Verteilung des Know-how im Unternehmen

Das Wissen und vor allem das Wissen um das WIE wird in Zukunft noch stärker als heute den Erfolg der Unternehmen am Markt bestimmen. Es wird daher immer wichtiger werden, dass ein Mitarbeiter jene Informationen, welche er für seine aktuelle Tätigkeit braucht, möglichst im selben Moment, in genau der Art und Weise, in der er diese Informationen benötigt, zur Verfügung hat! (Siehe Abbildung 13).

Betrachtet man aber die Verteilung des Wissens innerhalb eines Unternehmens, so wird man feststellen, dass durchschnittlich nur etwa 33 % des Unternehmens-Knowhows kollektiv von allen Mitarbeitern genutzt werden kann, weil der überwiegende Teil des Wissens nur in den Köpfen der Mitarbeiter vorhanden ist und damit anderen nicht zugänglich ist. Schnell kann es da passieren, dass ein Ingenieur kühn zeit- und damit kostenintensiv neue Produkt-Features am Kunden vorbei entwickelt, obwohl der Vertrieb (hoffentlich) genau um die Wünsche und Bedürfnisse des Kunden weiß; die Marketingabteilung recherchiert aufwändig Kunden- und Lieferantenmeinungen, die den Außendienst- oder Servicemitarbeitern längst bekannt sind. Dies sind nur zwei Beispiele - dem einen oder anderen kritischen Leser fallen, da bin ich mir sicher, viele weitere Begebenheiten dieser Art aus der eigenen Praxis ein.

Abb. 13: Zusammenhang Wissen und Kundenzufriedenheit – Mehrwert.

Es ist daher dringend notwendig, dieses für die Produktivität des Unternehmens wichtige Wissen systematisch zu sammeln, aufzuarbeiten und in eine für jeden Mitarbeiter passende Form herunterzubrechen, um es dann, zum Beispiel per Intranet, allen Mitarbeitern vollumfänglich (evtl. nach Sicherheitsaspekten per Zugangsberechtigung gestaffelt) zeitgleich zur Verfügung zu stellen.

Sicher gibt es heute eine Vielzahl von Software- und Datenbanklösungen, welche sich dieser Thematik annehmen. Doch jede Software, jede Datenbank ist nur so gut wie die Menschen, die dieses Werkzeug benutzen und pflegen. Auch stößt eine rein technische Applikation schnell an ihre Grenzen, wenn es um Erfahrungen, Empfindungen, Gefühle und individuelle Einschätzungen geht. Viele so genannte Wissens-Datenbanken (oder Neudeutsch „Knowledge-Management-Systeme") sind noch dazu nur Dokumentenhaufen. Ungeordnet, unstrukturiert, unüberschaubar stapeln sich dort wichtige und unwichtige Informationen wie auf einem alten Dachboden. Für die Mitarbeiter sind diese Informationen fast wertlos, da sie oftmals gar nicht wissen, welche Informationen in diesem Datenwust vorhanden sind. Eine strukturierte Suche nach bestimmten Detailinformationen ist erst gar nicht möglich. Man wird sich also in Zukunft sehr genau überlegen müssen, wie eine sinnvolle Wissens-Datenbank aufgebaut sein muss, damit die in ihr enthaltenen Informationen stets verfügbar, aktuell und in einer für jeden Mitarbeiter passenden Form sind.

Anderes Beispiel: Von jeher versuchte ein guter Schmied, möglichst sein gesamtes Wissen über die Kunst des Schmiedens an seinen Lehrjungen weiter zu geben. Er leitete ihn an, förderte seine individuellen Stärken, seine neuen Ideen, und oft wurde der Lehrling nach einigen Jahren des Lernens sogar besser als der Meister selbst. Der Schmied schaffte es also nicht nur, annähernd einhundert Prozent seines Wissens für sein Unternehmen und die nächste Generation nutzbar zu machen, sondern das kollektive Wissen stetig zu mehren; ganz ohne Datenbank.

Aus diesem einfachen Beispiel lässt sich erkennen, worin die Krux dieses Problembereiches liegt. Meines Erachtens verwenden die Unternehmen allgemein zu wenig Zeit darauf, Mitarbeiter auszubilden. Ich spreche hier nicht von der gesetzlich vorgeschriebenen Lehrzeit – welche ich im Übrigen für viel zu kurz halte, sondern von einer für die Zukunft notwendigen Art und Weise des lebenslangen Lernens. Um im Sinne des Schmieds aus dem oben genannten Beispiel möglichst einhundert Prozent des Unternehmenswissens an die nächste Generation weitergeben zu können, ist es notwendig, Mitarbeiter auch nach der abgeschlossenen, gesetzlichen Berufsausbildung zu fördern und ihnen die Möglichkeit des gegenseitigen Lernens zu bieten. Nur so kann das Unternehmen insgesamt von den individuellen Fähigkeiten und Ideen seiner Mitarbeiter profitieren und fachlich, qualitativ wie auch quantitativ wachsen (siehe Abbildung 14). (Vgl. Absatzwirtschaft 9/2003 S.112, ff, Teambildung, Jugend oder Erfahrung - welche Karte sticht?)

Diesem Anspruch kann ein Unternehmen jedoch nur dann gerecht werden, wenn es gelingt, die Kommunikation zwischen den Mitarbeitern und insbesondere zwischen den erfahrenen „alten Hasen" und den „jungen Wilden" zu etablieren; wenn die Wissensträger im Unternehmen die jungen Mitarbeiter nicht als Konkurrenz, sondern im Sinne des Schmieds als Lehrlinge, Partner oder Kollegen sehen; wenn das Wissen im Unternehmen keine Machtpositionen mehr schafft. Denn machtorientiertes Denken können wir uns in der heutigen Zeit nicht mehr leisten. Es darf in einem modernen Unternehmen eigentlich nur noch Mitarbeiter geben, die gemeinsam als Team an einem Strang ziehen, in einem Boot sitzen. Doch auf die Frage „Sitzen Sie mit uns in einem Boot?" würden wohl heute die Mitarbeiter in vielen Unternehmen wie folgt antworten: 15% Ja, 25% Wahrscheinlich Ja, 15% Wenn es sein muss, 20% ich weiß nicht, 10% Was ist ein Boot?, 5% Bauen wir Boote?, 5% Geht Sie das was an und 5% der Befragten stehen lieber. Das kann und darf es nicht sein!

Die Mitarbeiter haben in den meisten Fällen überhaupt noch nicht begriffen – und dieses Defizit geht eindeutig auf das Konto der Führungskräfte – dass das Unternehmen ein Teil von Ihnen selbst ist, dass es aus Mitarbeitern gebildet wird. Ähnlich wie in einem Puzzle sind alle kleinen Teile voneinander abhängig und bilden nur gemeinsam ein Ganzes!

Folgende Fragen sollten Sie sich daher zu diesem Thema stellen:

- Wie groß ist Ihr tatsächlicher Wettbewerbsvorteil durch die Nutzung von speziellem Wissen und Informationen in Ihrem Unternehmen?
- Wie nutzen Konkurrenten diese Informationen, dieses Wissen in ihren Unternehmen?
- Wie nutzen Ihre Mitarbeiter diese Informationen, dieses Wissen in Ihrem eigenen Unternehmen?
- Wie können Sie Ihre Mitarbeiter motivieren, das vorhandene Wissen möglichst kollektiv im Unternehmen nutzbar zu machen?
- Wie vermeiden Sie in Ihrem Unternehmen den Verlust von Wissen und Know-how?
- Gibt es technische Möglichkeiten in Ihrem Unternehmen, welche die Verteilung, die Bewah-rung und die Sammlung von Wissen und Know-how ermöglichen?

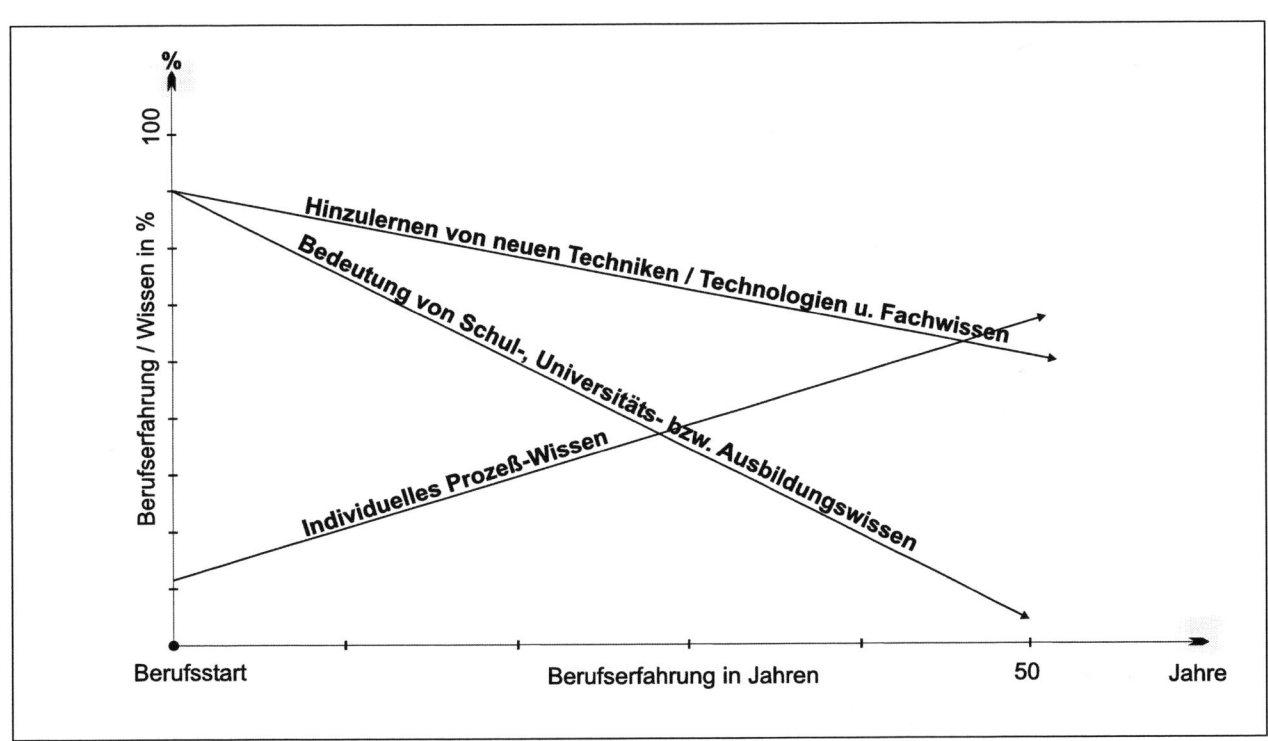

Abb. 14: Kollektives Wissen im Unternehmen. Von den „alten" Hasen lernen. (i. Anl. a. Prognose / Absatzwirtschaft 9/2003)

10. Corporate Identity Controlling

Den Abschluss dieses Schritts, aber auch gleichzeitig sein prozessbegleitendes kritisches Korrektiv, findet dieser Schritt in der Installation eines Corporate Identity Controllings.

Da Corporate Identity Programme nicht einmal, für alle Ewigkeit entwickelt werden, sondern der kontinuierlichen, kritischen Reflexion, ggf. einer Weiterentwicklung bedürfen sowie einer kontinuierlichen Kontrolle unterliegen müssen, ist eine organisatorische Verankerung mit Kontroll- und Impulsgeber-Funktion notwendig. Um das, für diese Aufgabe erforderliche, kritische Potenzial sicherzustellen, ist die Zuordnung dieser Aufgabe zum Bereich des Marketings, des Controllings sinnvoll. Hier ist der notwendige direkte Zugriff auf die Unternehmensleitung, welcher für die kritische Analyse und eine kontinuierliche Fortschreibung der Corporate Identity Programme unverzichtbar ist, möglich.

Im Bereich des Corporate Identity Controllings lassen sich folgende Aufgabenfelder herausarbeiten, die zum Teil in einer engen Beziehung zueinander stehen. Diese sind:

- Kontrolle der konsequenten Umsetzung
- Planfortschrittskontrolle
- Prämissen- und Zielkontrolle
- Kontinuierliche Wirkungskontrolle
- Pflege evtl. Korrekturimpulse und -anregungen
- Weiterentwicklung
- Corporate Identity Assessment

Nachdem ich Ihnen nun aufgezeigt habe, wie Sie eine Corporate Identity in Ihrem Unternehmen schaffen können, möchte ich Ihnen nun ein Unternehmen vorstellen, welches viele der in diesem Buch beschriebenen Denkanstöße bereits erfolgreich umgesetzt hat.

11. AVINCI als Beispiel für eine ganzheitliche, erfolgreiche CI Strategie

In Vorbereitung zu diesem Buch haben ich mir natürlich über mögliche Beispiele Gedanken gemacht. Über Unternehmen, welche die hier so postulierte strategische Ausrichtung nicht nur kennen, sondern auch beispielhaft danach handeln und leben. Unternehmen, die einerseits den Corporate Identity Gedanken verinnerlicht haben und ihn andererseits erfolgreich umgesetzt haben.

Die Auswahl eines entsprechenden Unternehmens war schwierig. Auch reagierten manche von mir angesprochenen Unternehmen teilweise zögerlich. Hinter vorgehaltener Hand nannte man mir auch die Gründe: zu schlecht seien die Umsätze und die sonstigen Ergebnisse ausgefallen. Da bleibe man lieber in sicherer Deckung. Nach zahllosen Gesprächen und einigen schlaflosen Nächten hatte ich mein Beispiel - Unternehmen gefunden – „Avinci".

Die Avinci AG ist eine Holding mit Sitz in Frankfurt. Das Beratungsunternehmen, das sich auf eBusiness-Lösungen und die Implementierung von IT-Systemen und IT-Infrastrukturen spezialisiert hat, wurde Anfang 2000 von sechs ehemaligen IBM-Managern gegründet. Bereits im selben Jahr wurden Dependancen in München, Stuttgart, Düsseldorf, Ludwigshafen und Hamburg eröffnet. Später dann auch in Berlin und Zürich. Aktuell arbeiten bei Avinci ca. 400 begeisterte Profi-Consultants daran, das "e" im Business ihrer Klienten sauber zu integrieren. Der Gesamtumsatz im ersten Geschäftsjahr 2000 lag bei rund 15 Millionen Euro. 2003 waren es rund 42 Millionen Euro. Seit der Gründung wurden in jedem Quartal schwarze Zahlen geschrieben. Mehr als zwei Drittel aller DAX-Unternehmen vertrauen inzwischen auf das Knowhow von Avinci. Doch was macht dieses Unternehmen so erfolgreich? Worin liegt der entscheidende Unterschied zu allen anderen IT Beratungsunternehmen? Wer nun glaubt, dass die IT-Branche ohnehin in Goldgräberstimmung sei, der befindet sich auf dem Holzweg, denn nach dem Boom von 1999 und 2000 muss auch diese Branche seit Jahren mit den Schwierigkeiten der allg. wirtschaftlichen Lage kämpfen.

Der Grund für den Erfolg der Avinci AG ist in der Vergangenheit zu finden und liegt in der strategischen Ausrichtung der Unternehmensplanung, des Marketings, in den Zielen, Werten und Normen der starken und präsenten Avinci-Philosophie (s. Formulierung der Unternehmensphilosophie). Denn lange bevor am 1.1.2000 der Startschuss für die Avinci AG erfolgte, setzten sich die sechs Gründer um Rudolf Kuhn, fasziniert von den Möglichkeiten, die eBusiness in strategischer und technologischer Hinsicht weit in die Zukunft hinein versprach, monatelang zusammen, um ein beispielhaftes Unternehmenskonzept zu entwerfen.

Sie hatten sich von dem, in ihren Augen viel zu schwerfälligen IT-Giganten getrennt, weil sie wussten, dass sie ihre Visionen und den Anspruch, den sie an sich und ihre Arbeit hatten, in diesem Unternehmen nicht umsetzten konnten und weil sie gemerkt hatten, dass erfolgreiche Unternehmensführung mehr bedeutet, als das egoistische, kurzfristige Gewinnstreben, beruhend auf einem rein ökonomischen Weltbild. Sie haben erkannt, dass eine nachhaltige, langfristige, strategische Unternehmensausrichtung, eine funktionierende Corporate Identity Strategie, die beste Balancehilfe ist, um ökonomisches Erfolgs- bzw. Gewinnstreben und soziale, ethische Verantwortung in Einklang zu bringen. Daher ist die Avinci AG auch das erfolgreiche Resultat einer Befreiung. Einer Befreiung von Routinen des Denkens und Handelns. Inspirieren ließen sich die Gründer bei der Konzeption ihres Unternehmens von keinem Geringeren, als dem weltberühmten italienischen Visionär, Wissenschaftler, Künstler und Vordenker Leonardo da Vinci. So lag es nahe, ihn als Namenspaten auszuwählen. Aus „Da Vinci" wurde die Idee „Avinci". Doch dieses Unternehmen wäre heute nicht so erfolgreich, zöge sich nicht der „Da Vinci-Gedanke" konsequent durch alle Unternehmensbereiche. Überall in diesem Unternehmen stößt man auf den Geist von Da Vinci, den Mut, die Menschlichkeit und den Optimismus, den seine Werke ausstrahlen, die Einheit von Vision und Wissen. Diesen „Da Vinci-Gedanken" findet man auch in der Unternehmensvision der Firmengründer („Wir wollen mit all unserem Know-how das Business unserer Kunden verbessern.") in den drei Unternehmensgrundsätzen („Know-how, Friendship, Membership"), in der Unternehmensphilosophie und in den daraus konsequent abgeleiteten Unternehmensleitlinien dem „Avinci-Glossar" wieder. Darüber hinaus haben die Gründer um Rudolf Kuhn den „Da Vinci-Gedanken" beispielhaft in die Corporate Communication, in das Corporate Behavior und in das Corporate Design integriert. Offensichtlich ist es also Avinci mit diesem Konzept gelungen, die strategischen Ziele, die Corporate Identity konsistent in taktische und operative Maßnahmen umzusetzen.

Die Corporate Identity, das Wir-Bewusstsein der Avinci Member (Mitarbeiter) ist sogar so stark, dass böse Zungen einmal behaupteten, Avinci sei eine Sekte. Sie konnten nicht verstehen, welche Kraft hinter einer konsequenten, ganzheitlichen Corporate Identity Strategie steckt. Doch auch für mich ist es immer wieder schön zu sehen, dass die von mir so sehr postulierte strategische Unternehmensausrichtung tatsächlich mehr Erfolg, höhere Erträge ermöglicht, selbst unter härtesten Wettbewerbs-Bedingungen.

Aber auch außerhalb der strategischen Betrachtung gibt es bei Avinci viel Vorbildliches und Beispielhaftes. Exemplarisch möchte ich an dieser Stelle das Gehaltsmodell der „Success-Points" nennen. Es ist ein einzigartiges und oft gelobtes System für eine leistungsbezogene Vergütung im Mittelstand.

Dabei gliedert sich das Gehalt bei Avinci in drei Bestandteile. Ein festes, erfolgsunabhängiges Garantie-, ein Ziel- und ein Maximalgehalt. Die Differenz zwischen Garantie und Zielgehalt ist der variable Anteil. Wie hoch dieser sein soll, können die Avinci Member (Mitarbeiter) in einem gewissen Rahmen selbst entscheiden, also ob sie mehr auf Sicherheit oder auf Risiko, sprich einen hohen variablen Bestandteil, setzen. Um das Maximalgehalt zu erreichen, müssen die Mitarbeiter so genannte Success-Points sammeln. Für die gesammelten Punkte erhalten diese dann am Jahresende ihren Anteil am Unternehmensgewinn. Für die Anzahl der „Success-Points" ist also der Einzelne verantwortlich, für deren Wert das ganze Team. Die Success-Points gibt es für viele verschiedene Leistungen, wie z.B. das Aktualisieren der Intranetseiten. Was genau ein Mitarbeiter tun muss, um Success-Points zu sammeln, ist in einem Katalog festgeschrieben, der jedes Jahr regionsspezifisch neu zusammengestellt wird. So kann Avinci spezielle Unternehmensziele flexibel mit der Motivation der Mitarbeiter verbinden.

Mit diesem Gehaltsmodell hat Avinci nicht nur ein leistungsbezogenes Vergütungssystem geschaffen, sondern auch die konsequente Umsetzung der eigenen Philosophie, der eigenen Werte, Normen und Ziele.

Ich kann an dieser Stelle nur jedem raten, aufmerksam die Internetseite dieses Unternehmens unter www.avinci.biz zu lesen. Viele der in diesem Buch beschriebenen Denkanstöße wurden in diesem Unternehmen bereits erfolgreich umgesetzt. Dieser Aufruf sollte allerdings nicht als Aufforderung zum Ideenklau missverstanden werden. Denn nur Affen machen alles nach. Um in Zukunft zu den Gewinnern zu gehören, reicht es nicht, eine Idee nachzumachen, einem Beispiel zu folgen. Man muss sich schon etwas Neues einfallen lassen und aus den evtl. Fehlern, Chancen und Potenzialen der anderen lernen, um besser zu sein als die anderen!

Wenn Sie nun, wie die Gründer der Avinci AG, ein ganzheitliches Konzept für Ihr Unternehmen entwerfen möchten, ist es oft sinnvoll, den Rat eines externen Beraters bezüglich Ihrer individuellen Aufgabenstellung einzuholen. Im Folgenden möchte ich Ihnen aufzeigen, wie Sie einen für Sie passenden Berater oder Dienstleister finden.

12. So finden Sie den passenden Dienstleister

Es scheint schwierig, einen geeigneten Dienstleister für das eigene Unternehmen zu finden. Die Auswahl potenzieller Agenturen und Marketing-Fachleute scheint riesig. Wie gut der eine oder andere tatsächlich ist, stellt man oft leider erst zu spät fest. Ich möchte an dieser Stelle, ich hoffe Sie haben dafür Verständnis, keine Agenturen mit Namen nennen. Wer gut ist und wer sich nur dafür hält, ist ohnehin nicht so einfach und global zu beantworten. Jede Agentur, jeder Experte, jeder Trainer hat seine Stärken und seine Schwächen. Um also den passenden Partner für Sie und Ihr Unternehmen zu finden, ist ein wenig Recherchearbeit notwendig. Diese Recherchearbeit können alleine Sie leisten, denn niemand kennt Ihr Unternehmen so genau wie Sie selbst. Damit Sie aber nicht anfangen müssen, die „Gelben Seiten" zu durchsuchen, möchte ich Ihnen an dieser Stelle ein paar Tipps mit auf den Weg geben, wie Sie sich einen besseren Überblick über den Markt der Dienstleister und Agenturen verschaffen können.

Zunächst bietet es sich an, Kontakt zum DMV (Deutscher Marketing Verband) oder zum BDVT (Berufsverband der Verkaufsförderer und Trainer) aufzunehmen. Diese national agierenden Verbände haben den besten Überblick über vertrauenswürdige und erfahrene Dienstleister in diesem Bereich. Die Verbände sind durch ihre Regional-Klubs praktisch im gesamten Bundesgebiet vertreten. Die Mitglieder der Regional-Klubs treffen sich meist einmal im Monat, um über Erfahrungen, Marketing und verwandte Themen zu diskutieren. Ich bin sicher, dass Sie gerne zu einer dieser Veranstaltungen in Ihrer Nähe eingeladen werden und dass Sie dort wichtige, interessante Informationen über geeignete Dienstleister in Ihrer Nähe bekommen und/oder Kontakt zu Gleichgesinnten finden.

Kontaktadressen:

BDVT Bundesgeschäftsstelle
Elisenstraße 12-14
50667 Köln
Tel.: 02 21 / 92 07 6 0
Fax: 02 21 / 92 07 6 10
Email: info@bdvt.de
Web: www.bdvt.de

DMV - Deutscher Marketing Verband
Email: info@marketingverband.de
Web: www.marketingverband.de

Bei der Auswahl des richtigen Dienstleisters sollten Sie Folgendes beachten:

- Hat der Dienstleister Erfahrungen mit der Lösung Ihrer Problemstellung?
- Verlangen Sie ein klares Grob-Konzept vor Auftragserteilung.
- Fixieren Sie ein festes Budget.
- Fixieren Sie einen strengen Zeitplan.
- Informiert der Dienstleister über evtl. Schwierigkeiten, Abbruchkriterien?
- Wird Zeit für Gespräche und Trainings im Unternehmen eingeplant?
- Gibt der Dienstleister einen Zeit- und Erfolgsplan vor?
- Fixieren Sie Meilensteine in finanzieller und zeitlicher Hinsicht.
- Lassen Sie sich nicht durch bunte Bilder, Werbeartikel etc. von Ihrem Ziel abbringen. Ein verändertes Logo, ein schönerer Briefbogen ist nicht Ziel der Strategie!
- Der Dienstleister ist besonders gut, wenn er Ihnen ständig „auf die Zehen" steigt, wenn er unangenehme Fragen stellt, vorhandene Strukturen in Frage stellt, um dann gemeinsam mit Ihnen und Ihren Mitarbeitern Lösungen zu erarbeiten.

- Der Dienstleister taugt nichts, wenn er nur mit Ihnen spricht und das Führungspersonal und alle anderen Mitarbeiter nicht einbindet.
- Veränderungen brauchen Zeit. Trauen Sie keinem Dienstleister, der Ihnen den Erfolg in ein paar Wochen verspricht.
- Ein guter Dienstleister bleibt im Hintergrund. Wie ein Coach gibt er Hilfe und Hilfestellung zur Selbsthilfe. Er initiiert und moderiert Gespräche. Er dokumentiert den Fortschritt für alle im Unternehmen.
- ...

Was kostet der Erfolg?

Die Frage nach den Kosten für den Erfolg ist natürlich verständlich, nachvollziehbar und für Sie als ökonomisch denkenden Menschen auch zwingend zu stellen. Leider kann ich Ihnen diese Frage nicht pauschal beantworten.

Einerseits kostet der Erfolg Engagement, Entschiedenheit, Ausdauer und Akribie in der Umsetzung. Andererseits kostet der Erfolg Zeit. Die Schaffung einer unverwechselbaren Unternehmenspersönlichkeit, einer individuellen Unternehmensphilosophie mit ihren individuellen Werten und Normen und den daraus abzuleitenden Unternehmensleitlinien und Job-Deskriptions dauert etwa ein Jahr. Die Überführung in die Praxis, die Assimilation der Werte und Normen in das alltägliche Geschäftsleben hingegen dauert mehrere Jahre. Die Dauer dieses Prozesses ist aber maßgeblich von der im Unternehmen vorhandenen Ausgangsposition abhängig.

Wie will man das in Euro und Cent ausdrücken? Aber das beantwortet wahrscheinlich nicht Ihre Frage.

Sollten Sie sich entschließen, einen Marketing-Experten, einen externen Dienstleister für diese Aufgabe zu rekrutieren, entstehen Ihnen etwa folgende Kosten:

Konzeptentwicklung Marketing und Kommunikation	ca. ab 8.000,- €
Informationsaufnahme	ca. ab 2.000,- €
Überarbeitung und Präzisierung des Erscheinungsbildes und Erstellung eines CI-Handbuchs*	ca. ab 5.000,- €
Öffentlichkeitsarbeit, Konzeptentwicklung inkl. PR Arbeit für das Rumpfjahr	ca. ab 4.500,- €
Moderatorentätigkeit bei Workshops / CI-Arbeitsgruppe Tagespauschale zzgl. Spesen, Material, Fahrtkosten	ca. ab 500,- €

(* Ein CI Handbuch dokumentiert die gesamte Unternehmenspersönlichkeit, inkl. Philosophie, Leitlinien, Kultur, Historie etc. Bekannter ist das CD-Handbuch, welches Teil eines CI-Handbuchs ist/sein sollte. Das CD-Handbuch dokumentiert ausschließlich die grafischen Elemente.)

Bitte sehen Sie die hier angegebenen Kostengrößen als grobe Schätzung. Maßgebend ist die tatsächliche Situation in Ihrem Unternehmen, die Voraussetzungen, von denen ausgegangen werden muss. Eventuell notwendige grafische Arbeiten habe ich bei dieser Kostenschätzung nicht berücksichtigt.

Achten Sie in jedem Fall darauf, dass Sie eine umfangreiche, genaue Dokumentation der in Ihrem Auftrag geleisteten Arbeiten erhalten. So können Sie auch Jahre später noch einzelne Schritte nachvollziehen und ggf. für eine notwendige Veränderung wiederverwenden.

13. Zum Schluss

"Wer aufhört, besser zu werden, hat aufgehört, gut zu sein!" (Sprichwort)

Eine Corporate Identity Strategie allein ist kein Erfolgsgarant! Mit dem Namen eines jeden großen Strategen in der Geschichte ist fast immer auch der Name einer großen Niederlage verknüpft. Selbst Napoleon erlebte bekanntlich sein Waterloo.

Ein solches Schicksal ist aber nicht nur den Großen der Geschichte vorbehalten. Ähnliche Gefahren drohen jedem Unternehmer, der seine Firma strategisch falsch führt. Gefahr droht dem Unternehmen immer dann, wenn die grundlegenden Regeln einer erfolgreichen Strategie missachtet oder ignoriert werden. Der häufigste Grund für eine gescheiterte Corporate Identity Strategie ist die fehlende oder nur scheinbar vorhandene unternehmerische Vision. Ohne ein entsprechend definiertes Ziel führt jede Strategie in ein „Waterloo" - um im Bild zu bleiben. Ein weiterer kritischer Faktor ist eine mögliche Veränderung der unternehmerischen Ziele. In diesem Fall ist es unerlässlich, auch die Strategie möglichst zeitnah entsprechend zu verändern bzw. anzupassen. Auch genannt sei an dieser Stelle die Gefahr einer falschen Strategie.

Diese hier aufgeführten Gefahren sollten aber nicht vor einer strategischen Unternehmensausrichtung im Allgemeinen abschrecken, sondern vielmehr dazu dienen, die meines Erachtens notwendigen Prozesse im Unternehmen besonnen und möglicherweise mit erfahrener Hilfe von außen zu bewältigen.

Unternehmens-Ziel und Strategie drohen in Widerspruch zu geraten:
- wenn unklar ist, welches Ziel die Strategie verfolgt;
- wenn die Ziele sich verändern, die Strategie aber starr beibehalten wird;
- wenn die Strategie mehr Taten blockiert als fördert;
- wenn das Unternehmen seine Strategie nach gängigen Meinungen statt nach eigenen Stärken entwickelt;
- wenn die Mitarbeiter die Strategie stärker prägen als Führungskräfte;
- wenn der Unternehmer (in einem kleinen Unternehmen) sich als Person verändert, seine Unternehmensstrategie aber unverändert bleibt;
- wenn die Unternehmensstrategie nicht im Unternehmen allg. bekannt ist;
- wenn die Strategiebeschreibung mehr als eine DIN-A4-Seite umfasst;
- wenn die Unternehmensstrategie bei anstehenden Entscheidungen keine Rolle spielt.

Um in Zukunft als Unternehmen erfolgreich sein zu können, ist es auch notwendig, über den so ge-nannten Tellerrand hinaus zu blicken, ein Gespür dafür zu entwickeln, welche Anforderungen an das Unternehmen in Zukunft gestellt werden.

Da reicht es nicht, sich acht Stunden am Tag in sein Büro zu verkriechen. Vielmehr gilt es, die Defizite der männlichen Sozialisation zu überwinden und sensible, emotionale Energien, Kommunikationskraft, Selbstverantwortung in den Geschäftsprozess zu integrieren. Ein hohes Maß an Interesse und Begeisterung für die Sache, für das eigene Unternehmen und die in ihm arbeitenden Menschen, wie wir es nur noch von den Firmengründern in der Geschichte kennen, ist heute notwendig, um den Anforderungen in der Zukunft gerecht zu werden.

Dabei tun Unternehmer und Selbstständige gut daran, begeistert zu Werke zu gehen, den Wandel als Chance zu betrachten und die erforderlichen innerbetrieblichen Änderungen nicht in Form einer Radikalkur erreichen zu wollen, sondern in einem schrittweisen, behutsamen Umbau von innen heraus anzustreben. Die Natur macht es vor. Pflanzen zum Beispiel wachsen von innen nach außen und nicht von außen nach innen. Schon mal darüber nachgedacht?

Ich haben Sie in meine Welt des Marketings geführt. Haben Ihnen Chancen, Möglichkeiten, Potenziale und Risiken gezeigt. Ohne zu sehr in theoretische Details abzuschweifen, habe ich versucht, Denkanstöße für eine vielleicht bisher unbekannte Sichtweise der Dinge zu geben. Ich wollte Ihnen Möglichkeiten aus der Perspektive des Marketings zeigen und Ihnen Dinge vor Augen führen, die Sie vielleicht so bei anderen Autoren nicht finden.

Damit die in diesem Praxisleitfaden beschriebenen Anregungen erfolgreich umgesetzt werden können, die individuellen Problemstellungen des eigenen Unternehmens erkannt, reflektiert und gemeistert werden können, muss Marketing zu einer Einstellung, einer grundsätzlichen Denkhaltung werden. Marketing muss sich daher mit Visionen beschäftigen. Zu jeder Zeit an jeder Stelle im Unternehmen. Denn am Anfang steht immer eine Idee, eine zukunftsweisende Vision. Das Visionäre, das theoretisch Machbare zu denken, es konsequent zu entwickeln, es immer weiter zu verbessern, gehört zu den Herausforderungen des Marketings in unserer Zeit. Denn gerade im Marketing steckt die Lösung für sehr viele Probleme, mit denen Sie sich heute konfrontiert sehen. Marketing kann und darf daher nicht zu einer Abteilung in einem Unternehmen degradiert werden, die sich nur mit all dem beschäftigt, wozu andere keine Lust oder Zeit haben. Marketing muss vielmehr zu einer grundlegenden Geisteshaltung mit konsequenter Marktorientierung für alle Mitarbeiter im Unternehmen werden.

Die Marketing-Schlagworte der letzten Jahre klingen leider noch heute in vielen Köpfen nach. Da war vom maximalen Kontakt zum Kunden die Rede, vom Internet als Massenmedium. Breit gestreute Werbeaktionen sollten eine möglichst große Kundengruppe treffen.

Sie erinnern sich wieder an meine Oma? Sie sagte immer, dass es nichts bringt, die Blumen mit der Brause zu gießen. Alle werden ein bisschen nass, aber keine wird richtig getroffen. Man muss schon mit dem Wasser direkt an die Wurzeln gehen, um Erfolg zu haben. Genau so ist das auch im Marketing. Breit gestreute Aktionen verpuffen ohne Wirkung und machen allenfalls die Druck-Branche glücklich. Ich möchte gar nicht erst wissen, wie viele Briefe ich schon mit der Aufschrift „An alle Haushalte" im Briefkasten hatte. Geht man von einer durchschnittlichen Brieflänge von etwa 22 Zentimetern aus, dann könnte man, würde man all diese Briefe einer einzigen Aktion aneinander reihen, etwa 1,7-mal den Durchmesser der Erde abbilden. Was für eine Verschwendung! Aber lassen wir das.

Gerade heute, wo der Mensch, das Individuum mehr denn je im Mittelpunkt stehen sollte, muss das Marketing individuelle, kundenspezifische oder besser noch menschenspezifische Konzepte und Strategien liefern, ohne die es in der heutigen Zeit nicht mehr geht, wenn wir über Kundennähe und Kundenzufriedenheit sprechen. Sensible emotionale Energie, Menschlichkeit, Ethik, Kommunikationskraft und Selbstverantwortung sind dabei ohne Zweifel die Voraussetzungen.

Ich wünsche Ihnen viel Erfolg für Ihren Erfolg. Wenn Sie Fragen, Anregungen oder Wünsche haben, können Sie mir gerne eine Email schicken. Ich stehe auch gerne bereit, Vorträge oder Referate zu diesem Themenbereich zu halten. Sie können mich dazu über folgende Email Adresse erreichen oder über den BusinessVillage Verlag, der Ihre Anfragen an mich weiterleiten wird.

Email: volker@spielvogel.de

14. Anhang

Quellen

VON CLAUSEWITZ, CARL (1780-1831). Preußischer General und Militärtheoretiker. Leiter der Kriegsakademie in Berlin. Zitate aus dem Werk **„Vom Kriege"**, 1834 nach seinem Tode herausgegeben. In diesem entwickelt Carl von Clausewitz nicht nur verschiedene strategische Theorien der Kriegskunst, sondern zeigt auch die Unterschiede zwischen Strategie und Taktik sehr vorbildlich auf.

HÄNDELER, ERIK. Wirtschaftsjournalist und Experte der Kondratieff-Theorie der langen Wellen. Verwendet wurden Inhalte aus seinem Buch **„Die Geschichte der Zukunft; Sozialverhalten heute und der Wohlstand von morgen Kondratieffs Globalsicht"**. In diesem Werk beschreibt er sowohl Gründe für die aktuelle Krise, wie auch Lösungsansätze.

WIESELHUBER, NORBERT UND TÖPFER, ARMIN haben das **„Handbuch strategisches Marketing"** herausgegeben. Das Buch beschreibt in 6 Kapiteln und 36 Beiträgen verschiedener Autoren grundlegende Erfolgsfaktoren, wichtige Bausteine, Marketinginstrumente und branchenspezifische Erfahrungen über erfolgreiches strategisches Marketing.

GEML, RICHARD; GEISBÜSCH, HANS-GEORG; LAUER, HERMANN sind die Hauptautoren von **„Das kleine Marketing Lexikon"**. Ein Werk, welches sowohl bei Praktikern, Studenten wie auch bei Theoretikern sehr beliebt ist. Marketing relevante Themen und Begriffe werden verständlich, anschaulich und praxisorientiert beschrieben und erklärt.

JUNG, HOLGER; VON MATT, JEAN-REMY haben sich und ihrer Werbeagentur mit dem Buch „Momentum, Die Kraft die Werbung heute braucht" ein eigenes Denkmal gesetzt. Das Buch ist eine Mischung aus Memoiren, Erfahrungsberichten und fachbuchartigen Ansätzen, kombiniert mit Charme und Witz.

KREUTZER, RALF; JUNGEL, STEFAN; WIEDMANN, KLAUS schieben **„Unternehmensphilosophie und Corporate Identity"**. Sie zeigen sehr wissenschaftlich die Bedeutung der Corporate Identity und verschiedene Methoden und Modelle auf.

DURÖ, ROBERT; SANDSTRÖM, BJÖRN beschreiben aus einer kombinierten militärischen - Marketingsicht das Thema strategisches Marketing in ihrem Buch **„Marketing-Kampf-Strategien"**.

MEFFERT, HERIBERT gehört zu den bekanntesten Autoren in der Marketingliteratur. Professor Dr. Dr. h.c. Heribert Meffert ist Professor der Betriebswirtschaftslehre (insbesondere Marketing) und Direktor des Instituts für Marketing an der westfälischen Wilhelms-Universität Münster. Sein Werk **„Marketing, Grundlagen marketingorientierter Unternehmensführung"** wird bereits in der 9. Auflage angeboten. Ein Muss für jeden Marketinginteressierten.

KAUFFELS, DR. FRANZ-JOACHIM schrieb 1999 das Buch „Web selling". Eine interessante und aufschlussreiche Lektüre, nicht nur für den Internetinteressierten.

Absatzwirtschaft - Zeitschrift für Marketing; wird gemeinsam herausgegeben mit dem Deut-schen Marketing-Verband e.V. Diese Zeitschrift beschäftigt sich mit aktuellen Themen des Bereichs Marketing.

HERBST, DIETER schrieb das Buch **„CORPORATE IDENTITY"**. Dieses Buch gibt Einsteigern wie auch Profis einen aktuellen Einblick, was Corporate Identity ist und was sie bezweckt.

Diverse Zeitungs- und Zeitschriftenartikel unter anderem aus TV, TAZ, NZ, SZ, FAZ, Capital, Stern, Fokus.

Die Quellen der direkten Zitate sind jeweils am Ende des Zitates angegeben.

Literatur-Empfehlungen

Die folgenden Literatur Empfehlungen sind natürlich rein subjektiv und keineswegs vollständig. Es sind jene Bücher, welche meinem Verständnis von Marketing entsprechen oder einfach interessant zu lesen sind. Sie sollen Ihnen helfen, wenn Sie sich weitergehend mit diesem Thema beschäftigen. Sie sollen Ihnen als Hilfestellung und als Denkanstöße dienen.

Corporate Identity (allgemein)

- **Chance: Identität. Impulse für das Management**
  von Roland Bickmann, Springer Verlag,
  ISBN: 3540634886
- **Das CI-Dilemma**
  von Ingrid G. Keller, Dr. Th. Gabler Verlag (1993),
  ISBN: 340928706X
- **CI 21, Corporate Identity als Erfolgskonzept im 21. Jahrhundert**
  von Heinz Kroehl, Vahlen Verlag,
  ISBN: 3800624850
- **Corporate Identity**
  von Waldemar F. Kiessling, Peter Spannagl
  ISBN: 3934214606

Corporate Identity Instrumente

- **Corporate Identity in Europa. Strategien, Instrumente, erfolgreiche Beispiele**
  von Klaus Schmidt, Campus Verlag,
  ISBN: 3593351625
- **Corporate Design. Kosten und Nutzen**
  von Rayan Abdullah, Roger Hübner
  ISBN: 3874395979
- **Manager im Kommunikationskraftfeld**
  von Engelbert Retter
  ISBN: 3631490011

- **Professionelle Pressearbeit: Praxisleitfaden für Einsteiger**
  von Annemike Meyer, BusinessVillage Verlag
  ISBN: 3-934424-46-5

Mitarbeiterbefragungen

- **Mitarbeiterbefragung**
  von Ingwer Borg, ISBN: 3801714829
- **Mitarbeiterbefragungen – kompakt**
  von Ingwer Borg, ISBN: 3801716244
- **Problemanalyse durch Mitarbeiterbefragung**
  von Dieter Bien, ISBN: 3784108075
- **Führungsinstrument Mitarbeiterbefragung**
  von Ingwer Borg, ISBN: 380171716X

Projektmanagement

- **Projektmanagement**
  von Hans-Dieter Litke, Ilonka Kunow, Haufe Verlag (2004), ISBN: 3448048682
- **Leitbild- und Konzeptentwicklung**
  von Pedro Graf, Maria Spengler
  ISBN: 393421455X

Präsentation

- **Visualisieren. Präsentieren. Moderieren.**
  Amazon.de Sonderausgabe. von Josef W. Seifert
  ISBN: 3897493977

- **Präsentieren und Visualisieren**
  von Wolfram Breger, Heinz L. Grob,
  ISBN: 3423508558

Berufsverbände

- **BDVT - Berufsverband der Verkaufsförderer und Trainer e.V.**
  BDVT-Geschäftsstelle: D-50667 Köln, Elisenstraße 12-14; Telefon 02 21-920 76-0, Telefax 02 21-920 76-10
  http://www.bdvt.de; eMail: info@bdvt.de

- **BDW - Deutscher Kommunikationsverband**
  Bundesgeschäftsstelle: Adenauerallee 118, D-53113 Bonn; Telefon 02 28-949 13-0, (Telefax -13)
  http://www.kommunikationsverband.de,
  eMail: info@kommunikationsverband.de

- **Deutsche Public Relations Gesellschaft e.V.**
  Geschäftsstelle: St. Augustiner Str. 21, D-53225 Bonn; Telefon 02 28-973 92 87, Telefax 02 28-973 92 89
  http://www.dprg.de, eMail: info@dprg.de

Berater in Deutschland

- **Geschäftspartner PR-Agentur: Handbuch für die praktische Zusammenarbeit**
  von Christiane Hanstein, Stamm Verlag,
  ISBN: 3877730337

- **DPRG-INDEX BERATER in Deutschland**
  kostenlos erhältlich bei:
  Deutsche Public Relations Gesellschaft e.V.
  Geschäftsstelle: St. Augustiner Str. 21, D-53225 Bonn; Telefon 02 28-973 92 87,
  Telefax 02 28-973 92 89
  http://www.dprg.de, eMail: info@dprg.de

Wirtschafts- und Marketingverbände

- **Deutscher Marketing-Verband e.V.**
  Benrather Str. 12, 40213 Düsseldorf
  Telefon 0211-864 06 0, Telefax 0211-864 06 40
  eMail: info@marketingverband.de

- **Gesellschaft Public Relations Agenturen – GPRA**
  Schillerstraße 4, 60313 Frankfurt am Main
  Telefon: 0 69-2 06 28, Telefax: 0 69-2 07 00
  eMail: info@gpra.de

Sonstige

- „**Das menschliche Gehirn - eine Gebrauchsanweisung**"
  von Ratey, John J.; erschienen im Water Verlag. Ist eine sehr interessante und aufschlussreiche Lektüre zum Querlesen.

- „**Die acht Sphären der Zukunft**"
  von Horx, Matthias; erschienen im Signum Verlag, ist nicht nur ausgezeichnet gut und span-nend geschrieben, sondern meiner Meinung nach auch ein Muss für alle, die sich mit den Themen Erfolg und Zukunft beschäftigen.

- „**Alles für den Kunden**"
  von Carlzon, Jan; erschienen im Campus Verlag, ist nett geschrieben und beschäftigt sich mit dem Thema Kunden aus einer für den Leser vielleicht neuen Sicht.

- „**Die Mäuse-Strategie für Manager**"
  von Johnson, Spencer; erschienen im Ariston Verlag, beschreibt den Umgang mit Verände-rungen in einer Art Fabel. Dieses Buch ist eine sehr interessante und aufschlussreiche Lektüre zum mehrmals lesen.

- „**Corporate Knowledge**"
  von Prof. Dr. Dr. Thomas Schildhauer; Matthias Braun; Matthias Schultze; erschienen im BusinessVillage Verlag; beschreibt, wie sich das Unternehmenswissen bewahren lässt.

- „**Der Mensch als Marke**"
  von Dieter Herbst; Thomas Anders; Peter Olsson et al.; erschienen im BusinessVillage Verlag. Dieses Buch ist sehr interessant, weil es zeigt, wie moderne Markenführung auf das „Produkt Mensch" übertragbar ist. Hier erfahren Sie, warum Madonna und Brad Pitt so erfolgreich sind und wie Sie sich selber gezielt vermarkten können. Intelligent, neu, unterhaltsam!

Checkliste:
Warum brauche ich eine Corporate Identity Strategie?

- Das Unternehmen hat keine eindeutige Identität.
- Das Unternehmen ist schnell gewachsen.
- Das Unternehmen produziert und entwickelt am Kunden, am Markt vorbei.
- Die Werte-Vorstellung der Gesellschaft stimmt nicht mehr mit der des Unternehmens überein.
- Das Unternehmen hat seine Ausrichtung, Produktpalette oder Dienstleistungspalette grundlegend verändert.
- Änderung der Unternehmensziele.
- Das Unternehmen wurde grundlegend umstrukturiert.
- Das Unternehmen hat einen schlechten Ruf (bei Banken, Kunden etc.).
- Die Kunden sehen das Unternehmen anders, als dies gewünscht ist.
- Das Image des Unternehmens verändert sich ungewollt.
- Der Markt und das Kundenverhalten haben sich stark verändert.
- Es fehlt eine eindeutige Differenzierung zur Konkurrenz.
- Zu viele ähnliche Produkte oder Dienstleistungen sind auf dem Markt.
- Im Unternehmen gibt es interne Probleme mit den Mitarbeitern und deren Verhalten.
- Der Krankenstand und die Mitarbeiterfluktuation sind hoch.
- Interne Machtpolitik lähmt den Erfolg.
- Probleme werden nicht gelöst, sondern verschwiegen.
- Führungskräfte können keine Entscheidungen treffen.
- Informationen werden nicht weiter gegeben.
- Einzelne Abteilungen grenzen sich ab und haben eigene Vorstellungen und Leitbilder.
- Es fehlen schriftlich fixierte Ziele. Es gibt kein Leitbild, an dem sich Mitarbeiter orientieren können.
- Das bestehende Leitbild verhindert eine Anpassung an die aktuellen Herausforderungen.
- Innovationen und neue Ideen fehlen.
- Die Branche, in der das Unternehmen tätig ist, gerät in die Krise. Eine zu starre Bürokratie lähmt den Unternehmenserfolg.
- Das Management wechselt.
- Die Informationspolitik im Unternehmen funktioniert nicht.
- Neue Produkte oder Dienstleistungen profitieren nicht vom Unternehmens-Image.
- Neue Produkte oder Dienstleistungen leiden unter dem Image des Unternehmens.
- ... etc.

Einfach mehr Wissen

Edition Praxis.Wissen — das aktuelle Know-how für Praktiker.

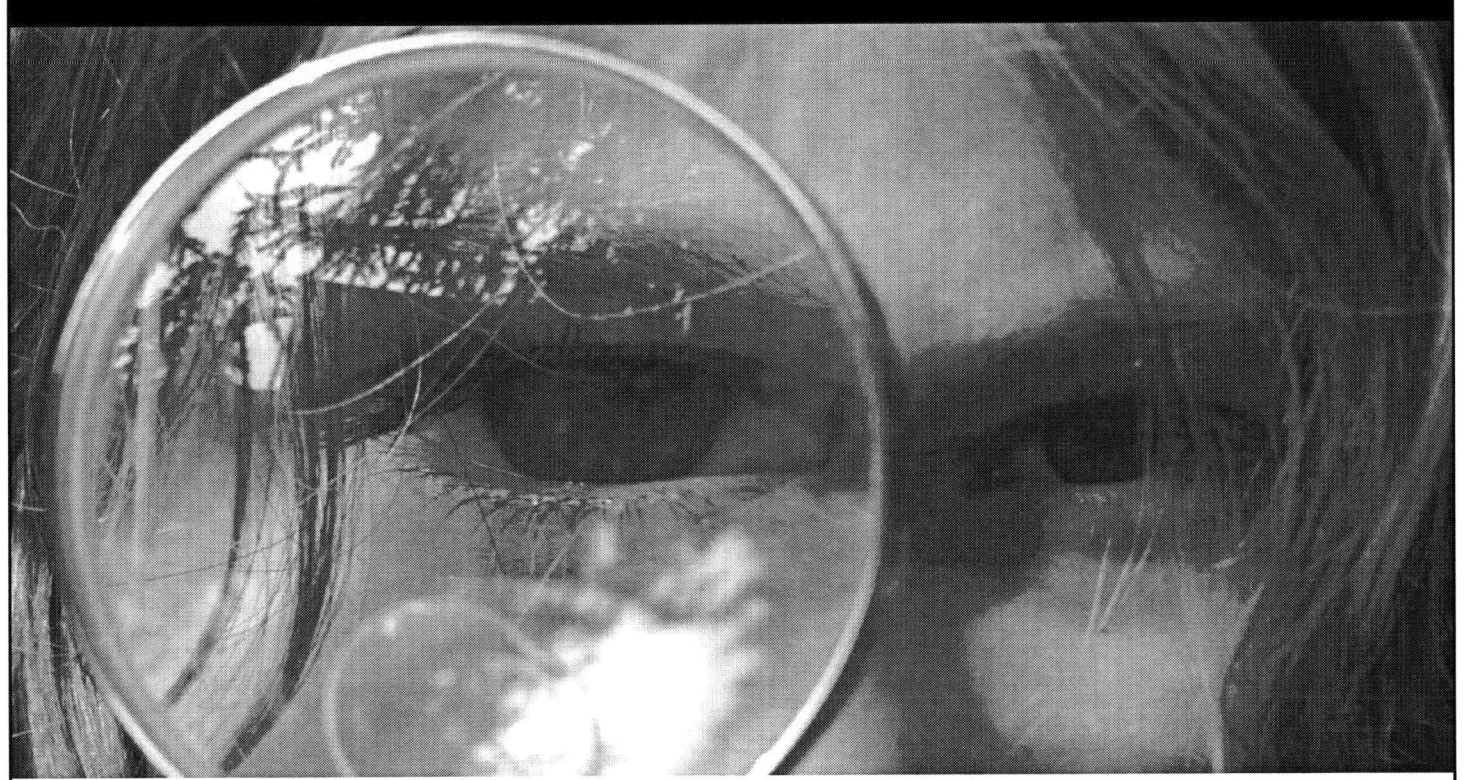

Besuchen Sie uns im Web!
www.**Business**Village.de

aktuell • schnell • direkt

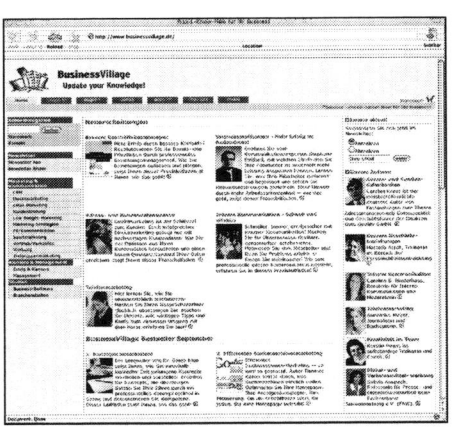

Marketing
Vertrieb/Verkauf
Erfolg und Karriere
Management

Praxisleitfäden
Studien
Business Newsletter

BusinessVillage
Update your Knowledge!

Change Management

Die Macht, Unternehmen nachhaltig zu verändern

Veränderungen sind allgegenwärtig und sichern das Überleben. Das gilt ebenso für die Natur wie für die Wirtschaft. Dennoch überrascht es nicht, dass von „oben" verordnete Change-Programme in Unternehmen nur begrenzte Wirksamkeit zeigen. Denn Veränderung hat weniger mit großnamigen Projekten zu tun als mit steter Weiterentwicklung und der Bereitschaft, zuerst und vor allem sich selbst zu ändern.

Studien belegen, dass fast 80% der geplanten Veränderungsprojekte in europäischen Unternehmen nicht zum gewünschten Ziel führen. Im Gegenteil: Oft resultiert aus diesen erzwungenen Veränderungen eher Resignation, Demotivation, Verschleiß und Widerstand als der erhoffte Erfolg.

Inspiriert durch Erkenntnisse aus der Biologie, Gehirnforschung, Kybernetik, Systemtheorie und anderen Wissenschaften sowie untermauert mit zahlreichen Erlebnissen eigener Beratungstätigkeiten, denkt dieser Leitfaden den Begriff Change Management radikal neu und entwickelt ein alternatives Verständnis.

BusinessVillage 2003
ISBN 3-934424-30-9
Buch € 21,80
eBook € 14,80

Professionelle Preisfindung

Wege aus der Ertragskrise

Der Preis wird nach wie vor stiefmütterlich behandelt, obwohl er der Gewinntreiber schlechthin ist. Der Preis eines Produkts hat eine große Auswirkung auf Absatz und Gewinn. Unternehmer und Manager müssen sich daher intensiv um die Erlös- und Preisseite kümmern, denn in der Preisfindung liegen heute die größten unausgeschöpften Ertragssteigerungs-Potenziale.

Doch trotz dieser Erkenntnis hat die Preisfindung in der Praxis noch lange nicht den Grad an Professionalität erreicht, der möglich wäre. Es mangelt am grundlegenden Verständnis für Preisfragen genauso wie am gezielten Einsatz hoch entwickelter Methoden. Welche Gewinnpotentiale durch die richtige Preisfindung erschlossen werden können, zeigt Ihnen dieser Leitfaden in kompakter und praxisgerechter Form.

BusinessVillage 2004
ISBN 3-934424-42-2
Buch € 21,80
eBook € 14,80

Corporate Identity ganzheitlich gestalten

Der Weg zum unverwechselbaren Unternehmensprofil

Fast alle mittelständischen Unternehmen stecken in Schwierigkeiten. Die Geldgeber proben den Aufstand, die Mitarbeiter sind im Dauerstress, die Kunden sind unzufrieden. Wie Sie mithilfe einer Corporate Identity-Strategie diese Schwierigkeiten meistern können, wie Sie zufriedenere Kunden und motiviertere Mitarbeiter bekommen, den Krankenstand in Ihrem Unternehmen verringern und gleichzeitig den Erfolg Ihres Unternehmens sichern, beschreibt der Autor Volker Spielvogel in diesem Praxisleitfaden.

Anschaulich, provokativ und pointiert präsentiert er zahlreiche Denkanstösse für eine zukunftsorientierte Ausrichtung mittelständischer Unternehmen. Die Botschaft ist einfach und lautet: Finden Sie Ihr individuelles Unternehmensprofil! Werden Sie einzigartig! Wie Ihnen das gelingt, zeigt dieser Leitfaden.

BusinessVillage 2004
ISBN 3-934424-55-4
Buch € 21,80
eBook € 14,80

Marktsegmentierung in der Praxis

Der Kunde im Fokus

Hoher Wettbewerbsdrucks zwingt immer mehr Unternehmen, enger an den Kunden heranzurücken. Gerade in einem schwierigen Marktumfeld ist Kundenorientierung die Basis für Kundenloyalität und ökonomischen Unternehmenserfolg. Vor diesem Hintergrund ist einer der zentralen Erfolgsfaktoren der strategische Ansatz „Marktsegmentierung".

Marktsegmentierung charakterisiert, wie ein heterogener Gesamtmarkt in homogene Teilmärkte intelligent aufzuspalten ist und so für die gewonnenen Zielgruppen ein spezifisches Angebot unterbreitet wird. Das Resultat ist für viele Unternehmen konkret messbar: Mehr Profit durch die Identifizierung attraktiver Kunden und deren gezielte Adressierung!

Da traditionelle Segmentierungsansätze verstärkt in Frage gestellt werden, ist die Entwicklung neuer Segmentierungsideen mehr denn je gefordert.

BusinessVillage 2004
ISBN 3-934424-56-2
Buch € 21,80
eBook € 14,80

Fehlermanagement im Unternehmen

Wie aus Fehlern Umsatz und Gewinn werden

Das Tabuthema in jeder Organisation: Fehler! „Wir machen keine Fehler", diese Haltung ist in deutschen Unternehmen weit verbreitet. Doch die Angst vor Fehlern, sogar vor noch gar nicht gemachten Fehlern, lähmt und führt zu Stillstand. Notwendige Entscheidungen werden nicht getroffen, es erfolgt keine Schadensbegrenzung, keine Krisen-PR, kurz, es gibt kein professionelles Fehlermanagement. Diese Haltung ist umso kurzsichtiger, da in jedem Unternehmen Fehler an der Tagesordnung sind. Der Autor dieses Praxisleitfadens plädiert dafür, Ehrlichkeit und effektives Fehlermanagement als Basis der Unternehmenskultur einzuführen. Erfolgreich trotz und gerade wegen gemachter Fehler - das ist das Credo!

BusinessVillage 2004
ISBN 3-934424-43-0
Buch € 21,80
eBook € 14,80

Zukunftstrend Mitarbeiterloyalität

Endlich erfolgreich – durch loyale Mitarbeiter

Die Spielregeln der Märkte und das Verbraucherverhalten befinden sich in einem abrupten und umwälzenden Wandel. Nur Unternehmen, denen es gelingt, ihre Mitarbeiter auf diese Veränderungen auszurichten, haben eine nachhaltige Zukunftsperspektive.

Derzeit haben jedoch in zahllosen Unternehmen rückwärts gerichtete Controller und bremsende Technokraten das Sagen. Die Folge: ideenlose Chefs, lähmende Bürokratie, ängstliche Führungskräfte und verängstigte Mitarbeiter. Wo Angst regiert, sinken Kreativität, Motivation, Produktivität und Loyalität – und damit auch die Überlebenschancen am Markt. In einer solchermaßen „vergifteten" Atmosphäre wollen weder Mitarbeiter noch Kunden gerne sein. „Lachende" Unternehmen dagegen haben die Nase vorn. In lachenden Unternehmen herrscht Spaß und ein Treibhausklima für Spitzenleistungen. Dort arbeiten motivierte, engagierte, unternehmerisch mitdenkende, begeisterte und loyale Mitarbeiter. Und dort kaufen Kunden gerne immer wieder ein.

BusinessVillage 2004
ISBN 3-934424-70-8
Buch € 21,80
eBook € 14,80

BusinessVillage - Update your Knowledge!